心理学与心理调节术

畅销6版

姚 尧◎著

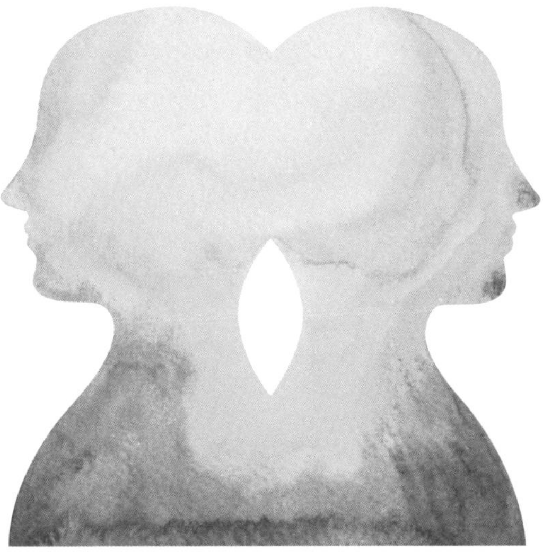

中国法制出版社
CHINA LEGAL PUBLISHING HOUSE

前 言

社会在高速发展，经济在突飞猛进，手机功能越来越多，上网速度也越来越快，人们不但没有觉得更幸福，反而心理问题越来越多。

物质生活越来越丰富，心理世界却越来越贫瘠，为什么社会的发展会带来这么大的反差？到底是什么剥夺了人们的幸福感，又是什么抽去了大家的心理基石，让人的心理变得越来越脆弱，越来越狂暴易怒？

当今社会，每个人都在追求成功，可大家都忽略了我们的心灵。我们忽略心灵，心灵就会找我们的麻烦，于是各种各样的心理疾病就出现了。心理疾病的出现其实也是在提醒你：你走在错误的路上，要及时回头，调整自己。正所谓悬崖勒马还来得及，如果非要等到掉下悬崖再回头那就来不及了。在你感觉自己的心理出问题的时候就要及时调整自己，不要等到精神崩溃时才想到心理医生。

要在这样一个节奏快、变化大的社会里生活得好好的，真不容易。如果你没有一颗强大的心灵，是根本无法控制自我的。

一个内心不够强大的人，会成为环境的俘虏。

心理学家詹姆斯说过："人类不幸常常沦为他人情绪和想法的牺牲品。他人的想法和情绪可以快速地绕过你的思维结构，进入你的心理结构，激起你的各种情绪。这意味着，在这些时刻你在心理上处于弱势，自愿成为一个心理上的弱者，把自己的心理变成别人意志的跑马场。"

心理调节不只是教你在心理出现问题后进行修复和调节，更主要的是建构一个强大的心理结构，阻止外界不良思想和情绪的入侵。一个人只有拥有强大的心理后，才能有足够的心理能量去追求成功。

就像原子核里面包含着惊人的核能量一样，每一个人都拥有强大的心理能量，只不过大多数人没有成功地发掘出自己的潜力。

要想拥有强大的心理能量，我们首先要改变自己的思维习惯。第一步就是停止内耗心理能量，什么叫内耗？内耗就是把心理能量用在一些毫无意义的事情上，比如抱怨命运的不公，抱怨环境的糟糕。你要知道，你每抱怨一次就会让自己减少一分能量，而环境不会因为你的抱怨而变好。要改变环境首先要改变自我，等你足够强大时，或许能对环境作出一点点的改变。须知，环境是根深蒂固的，若非能力强大的人很难改变它。

一个心理强大的人善于活在当下，他既不后悔曾经做过哪些蠢事，也不对未来的不确定性感到焦虑。他知道，只有把握当下，才能把握未来。过去的已经过去了，无论如何不能改变，所以目光不能只盯着过去。

当你慢慢地学会了心理调节之术，慢慢地懂得了心理规律，你将会变得更加成熟，不再让自己的心理变成别人意志的跑马场。当一个人开始试着自己掌握自己的命运时，也是他内心强大的开始。

目 录

现代社会是一个竞争非常激烈的社会，如果你没有一颗强大的心灵，面对日益激烈的竞争很容易崩溃。社会中优秀的人往往是一些心理强大的人，一个人如果在心理上输了，那么他面对这个世界的时候就已经输了。而心理软弱的人难逃被动挨打的命运，心理软弱，不仅输掉世界，更输掉整个人生。

自信的人敢于展现真实的自己，不会去模仿别人，即使他或她长得不漂亮,也不会认为是一种缺陷。自信的人很清楚自己的价值，知道自己是无可替代的，知道自己拥有独特的潜质，知道未来靠自己去打造。正如哲学家爱默生所说:"羡慕就是无知,模仿就是自杀。不论好坏，你必须保持本色。虽然广大的宇宙间充满了好东西，可是除非你耕作一块属于自己的田地，否则绝无好的收成。"

要让自己快乐，要让心灵经常通风，我们必须减少欲望。生活中无处不是诱惑，要学会对诱惑说不，这些诱惑不一定是指男女的情感或是金钱的诱惑，还包括个人的爱好以及渴望成为最受欢迎的人。要知道，当一个人被外在的东西诱惑时，他就处于不自由的状态，诱惑的东西常常是得不到的，得不到又要强求，难免心里不愉快。

性格的本质其实就是习气。习气是怎么养成的？习气的养成最开始都是出于保护自我的生存需要，这就决定了习气的局限性，因为习气都是针对某一个环境而形成的一种自我保护的方式，但是换一个环境，这个习气可能对我们就是有害的，不过习气一旦养成，我们就很难根除它了。人类在漫长的进化过程中养成了许多习气，这些习气当时都是为了适应环境的需要而产生的，后来环境虽然发生了变化，但习气留了下来，形成了我们的性格。

培养定力需要从生活中细微处着手，要时时刻刻反观自己：我的行为是不是浮躁了，我是不是静不下来。定力的培养是一个漫长的过程，就好比一个人跑步一样，刚开始可能一天只能跑五百米。每隔十天就加上一百米，一年后他可能可以跑五千米。但如果让他一开始就跑五千米，他肯定会败下阵来，到时还会失去信心。所以还是这句老话：慢慢来，欲速则不达。

善与恶都在人的心中，但善要发展壮大非常缓慢，而恶要变本加厉却非常容易。所以，在日常生活中我们一定要谨慎对待自己的心，不要让它产生恶的念头，一旦产生恶的念头就要掐灭，只有这样才能让自己的心灵永远与善良为邻。

心理学家做过这样一个试验，让一些女性接触一个冷漠、不友好的陌生人，营造一种难堪的社会环境。和那些乐观的女性不同，那些比较悲观消极的女性会将交往过程的失败归咎于自己，并因此感到一定程度的抑郁。更重要的是，这样的经历会让她们对今后遇到的人表现出一种不信任和敌意。

房子之所以能够住人是因为其中有“空无”，如果房子被塞得满满的，人也就没法住进去了。无用之用有大用，万事万物都是相同的道理。当我们无法容忍生命中有空白，企图用事情让生活装得满满的时候，必然会让生活沉重不堪，使自己像不堪重负的骆驼一样累趴下。

第十章　如何看待男女之间的事情 / 175

心理学家研究发现，其实人最理想的伴侣不是白富美或是高富帅，而是与自己相似的伴侣。换句话说，我们找的最好是相近的人，而不是比我们优秀得太多的人。外表漂亮的人通常会选择外表漂亮的人，有钱的人通常会选择有钱的人，有权的人会选择有权的人。

爱情中，物以类聚的道理是不错的，性格和气质相似的人更容易成为伴侣，因为相似性会产生满足感。但为什么有些性情完全对立的人也会走到一起呢？郭靖和黄蓉完全是两种人，但他们也可以相处得非常融洽。这是什么原因呢？

如果把人际关系比作磁铁吸附铁石的话，我们就能看清人际关系的实质。其实每一个人都是磁铁，你吸引的人越多，说明你的磁力越大，也就是你人际交往方面的能力越强。虽然人际交往能力不是衡量一个人强弱的根本标准，但是它对你的生活无疑有重大影响。尤其是一个人想要获得商业上的成功，人际交往能力是一项非常重要的能力，它直接关乎你的物质生活，关乎你将来成为成功者还是普通人。

第一章

让阳光照进你的心里

一个人只有知足，才能保持与世无争的心态，然后真正体会到“清福”。所谓“清福”就是清闲的福气，这种福气往往是金钱买不来的。钱财、美色、权力往往招来麻烦，有麻烦心里就无法安宁，心不安就永远处在煎熬和颠沛流离中。这样的生活，即使富甲一方又有何用？如果说一个人的心里能装得下的东西是有限的，若酒色财气占了80%，剩下的就只有20%的空间。相反，如果一个人心里80%是空的，那么他能容纳的快乐就可以高达80%。

烦恼皆由心生

常常有人把人生比作一场苦行。以佛教的观点看，人生充满了烦恼与痛苦，如果一个人不能从心里打开这个结，就会持续地处于无止尽的烦恼中。

曾经有一个大财主，家财万贯，富甲一方，然而他却很不快乐。他始终不明白，为什么自己这么有钱却感觉不到快乐？相反，他的一个邻居，一对卖豆腐的夫妻，过着清贫的生活，然而却每天有说有笑，脸上总是充满着笑容。这个大财主非常不解，为什么这对夫妻生活一点也不宽裕，心里却这么充实快乐呢？他们好像不知道烦恼为何物。每天准时去卖豆腐，卖完后，哼着歌儿回来。

大财主很不解，就找了当地的一个智者，问他究竟是什么原因。智者想了想说："晚上，你扔一大块金子到他们院子里。"

大财主照智者说的去做，扔了一大块金子到卖豆腐的院子里。早上起来，那对夫妻发现院子里有一大块金子，欣喜若狂，心想这一大块金子够他们卖几十年的豆腐了。

妻子说："以后我们就不用卖豆腐了。"

丈夫说："是啊，但这一大块金子莫名其妙掉在我们的院子里，你说失主会不会过来寻找呢？"

妻子说："不知道啊，所以我们一定要把这块大金子好好藏起来，不要让别人找到。就算有人来问，我们也装着不知道。还有啊，我们一定不能让别人看出有什么不同，我们还是继续卖我们的豆腐，这样就没有人怀疑我们捡到一块大金子了。”

夫妻俩商议好了之后，还是像以前那么卖豆腐，不过大财主再也没有看到他们脸上的笑容了，他们回来时也不再是哼着歌儿，反倒脸上总是一副心事重重的样子。那一块突如其来的金子打破了这对夫妻的心理平衡，从此他们生活在患得患失之中，而以前他们是知足的。

应该说，人的烦恼很多时候是由心境而生，快乐的多少跟一个人财富的多少并无直接的关系。故事中的这对夫妻之所以失去往日的快乐，就是因为他们的心理平衡被打破，以前那种知足乐天的生活态度被一块金子给扰乱了，从此他们生活在紧张、不安和贪婪中。

我们知道石油大王洛克菲勒是历史上最成功的商人之一，他一生创造的财富无数，成为当时全球最大的富翁。但实际上他曾常常感到不快乐。他早先是一个不喜欢交际的人，且一毛不拔，因为这些原因，他后来时常感到抑郁，巨大的财富与心理上的不安形成了鲜明对比。直到后来他慢慢地选择了慈善、选择了布施，才逐渐感觉到快乐，他发现真正的快乐其实是帮助别人，让别人快乐。

一个人的快乐与烦恼跟外在的东西其实并无太直接的关系，只是有时候我们深陷其中，所以看不到快乐与烦恼其实还和我们自己的内心密切相关。在这一点上，佛家能给我们很多的启示，你对人对事的看法，很多时候其实是你内心世界的一个投影。正像鲁迅先生评人看《红楼梦》：经学家看见《易》，道学家看见淫，才子看见缠绵，革命家看见排满，流言家看见宫闱秘事……

《红楼梦》就是《红楼梦》，只有一个《红楼梦》，但是不同的人眼中却有不同的《红楼梦》。

心中有善，看人多是善良的，心中有恶，看人多觉邪恶；心中有爱，世界自然温暖，心中有恨，世界自然残酷；内心平淡，世界自然安静，内心狂热，会觉得世界充满欲望。

记住，很多时候你眼中的世界不过是你内心世界的一个投影。

知足常乐

老子说:“祸莫大于不知足。”

这句话言简意赅，几乎说出了人生痛苦的根源。古今中外，多少人由于“不知足”而感到痛苦,还有很多人是死于“不知足”。“不知足”似乎有一种力量，能够把人不断往邪路上引。

“不知足”进而又衍生出贪婪，贪婪是什么？贪婪是超出自身需求之外的索取，通常来说，这样的索取会对别人造成伤害和不利。不知足的人是不可能快乐的，因为他或她始终在追求过分的、过度的东西，而且永远不知道满足，这样的人会时刻算计，时刻在考虑如何能获取更多。如此一来，心灵早被欲望填满，怎么可能会获得真正的快乐？

一个人只有知足，才能保持与世无争的心态，然后真正体会到“清福”。所谓“清福”就是清闲的福气，这种福气往往是金钱买不来的。钱财、美色、权力往往招来麻烦，有麻烦心里就无法安宁，心不安就永远处在煎熬和颠沛流离中。这样的生活，即使富甲一方又有何用？如果说一个人的心里能装得下的东西是有限的，若酒色财气占了 80%，剩下的就只有 20% 的空间。相反，如果一个人心里 80% 是空的，那么他能容纳的快乐就可以高达 80%。

心有多空，你所能容纳的快乐就有多深。知足者贫而心富，贪婪者富而心贫。知足常乐是一种非常健康的人生态度，现代社会是一种消费型社会，商家们为了自身的利益着想，自然会宣传完全相反的理念，因为一旦人人都知足常乐，他们的商品销量肯定会降低。但是我们要说，知足常乐确实是对个人健康非常有利的一种生活态度。知足者心态好，知足者不被欲望控制，自然身体健康，身心舒泰。

社会的竞争越激烈，我们越要懂得这个道理。因为一旦你陷入了恶性的竞争与贪婪中，到最后你会发现竞争就算成功，也不能给你带来快乐，更不能给你带来健康。我们常常在网上看到新闻，说某某过劳猝死等，其实很多时候这也是不懂得知足所致。很多人都抱着年轻时用健康换钱，老来时用钱换健康的想法，这样的想法是错误的。你可以用健康换钱，但钱真的不能换来健康，只不过是让一个病弱的人苟延残喘。

我们不妨来做个心理测试（仅供参考）吧，看看你属于哪类人。

假如说你去电视台参加类似于“非常6＋1”的比赛，根据比赛的规则，答题到了不同的阶段，会得到不同的奖品，最后的大奖是两万元，并且可以免费去马尔代夫度假一周。假设你答题已经冲刺到第三关，如果这时候打住，你就可以拿到一千元的奖金。不过你选择了继续挑战，冲刺最后的大奖，只可惜失败了，最后你只得到一个玩具娃娃，此时，你会有怎样的想法呢？

A．很后悔，不该冲刺最后的大奖。

B．仍然感到高兴，因为自己能够冲到最后一关。

C．非常郁闷，抱怨游戏规则不合理。

D．觉得是自己没有把握好，如果有下次的话，自己一定能拿到大奖。

选A的人性格属于保守型，满足现状的同时又会有一些贪心，一旦遭遇失败，不会想到如何反败为胜，反而时时自责，这样的人经常会处于患得患失的状态。

选B的人属于知足常乐型，他们在面对竞争时，更容易做到顺其自然，不太看重物质的得失。

选C的人属于不服输型，这类人有很好的竞争意识，但缺乏自我反省的精神。他们是一些自我中心主义者，一旦出现了问题，就会把原因归结到外界因素上。

选D的人属于埋头实干型，这些人竞争意识很强，斗志也很好，对失败能够坦然面对。在他们眼里，失败不过是通往成功的阶梯。

现今社会，可以说是一个物质的社会，如果不懂得知足常乐的道理，很容易会被欲望的洪流裹走，从而迷失自己。贪婪的人总是患得患失，知足的人却能恬淡快乐。知足的人就算物质上不是很富有，至少在心灵上他比别人更富有。

现在这个社会压力很大，男人爱攀比，女人也爱攀比。男人比工作，比谁更能赚钱，比谁先买房子买车；女人比谁更漂亮，比谁的男朋友更能赚钱，比谁的包包更名贵……大家都陷入了一种非理性的消费狂热中。其实，喜欢攀比的人内心往往缺乏真正的快乐，甚至是内心空虚。

在历史上，因为不知足而弄得身败名裂的人比比皆是，你随便翻开历史书就能看到。

春秋时的吴国大夫伯嚭因为贪取越国的财产，最后导致吴国灭亡，他自己也被越王勾践杀掉。这是典型的祸莫大于不知足的典故。

赵高通过玩弄权术当上丞相，但他仍然不知足，还想当皇帝，结局怎么样？被子婴杀掉。

明朝有名的大宦官刘瑾，疯狂攫取国家财富，成为当时最有钱的人。到后来，他甚至密谋篡位。结果怎么样？被凌迟处死。

和珅，乾隆的宠臣，号称中国历史上贪污最多的人，在乾隆朝呼风唤雨。乾隆一死，嘉庆立即将他法办，最后也只能悬梁自尽。

这些人都有一个共同的特点：人心不足蛇吞象。当他们陷入贪欲之中时，再也无法控制自己，好像被一个魔鬼操纵，要不断地攫取才能快活，其实他们所贪取的早已经超出了实际的需要，但贪婪本身变成了一个野兽，需要不停地索取才能填补空虚。

这些贪婪的人虽然身居高位，一掷千金，其实心里并不一定快乐，整天处于惶恐不安中。很多贪官虽然没有被揪出来，但他们内心时刻在提心吊胆，担心自己有一天被抓。

贪婪是一定要付出代价的，这个世界上没有免费的东西。佛说，三世因果，报应不爽。很多人虽然不相信因果，但也应该明白，上天是公平的，你在这方面索取了多少，他就会让你在其他方面损失多少。所以，做人千万不要盲目去羡慕那些贪婪而富有的人。

持心平正、知足常乐，这就是做人幸福无忧的秘诀。

微笑面对生活中的挫折

古话说得好：人生，不如意事，十常八九。如果你指望事事顺心，然后才能露出笑脸，那恐怕到了世界末日你都不会微笑了。

微笑并不一定要等到功成名就的时候，微笑也不一定要等你有房有车的时候，微笑也不一定非要等到你遇上真爱的时候。微笑无处不在，因为它就在你的心里，要想让微笑的花朵不枯萎，就要用心去浇灌它。

如果你一直冷漠，那么你将不懂得如何去微笑。

没错，也许你会抱怨世界太残酷，世界非常不公平，世界给你的机会太少。然后，你摊开双手无奈地说："我一无所有，你让我如何去微笑啊？我无数次地想赢得社会和他人的尊重，可是社会却如此残酷。"

也许你说的并没有错，世界很残酷。但是你必须明白一个道理，世界越残酷，你就越需要用微笑来面对，如果你忘了如何去微笑，你会发现世界会更加残酷的。

善待自己，从学会微笑开始。

如果说全世界的人都过着幸福的生活，无忧无虑无痛无苦，那么微笑不微笑就没什么意义了。正因为世界有太多痛苦与无奈，所以才要人们学会去微笑面对。因为微笑可以减轻人们的痛苦，微笑能够给人带来希望，微笑能够释放出光明与爱。

朋友之间因为什么事情闹了矛盾，长期处于僵持状态，一个微笑可以化解矛盾；夫妻之间发生冷战，彼此不说一句话，一个微笑胜过千言万语；两个国家之间长期处于敌对状态，两个领导人微笑握手，可以破除坚冰。

微笑是一种有着特殊魔力的东西，它好像是专门用来医治人的负面情绪的。不会微笑的人会觉得天空时时有阴霾，经常微笑的人即使在阴雨天也会觉得心里充满阳光。

既然微笑有这么多好处，我们有什么理由让自己的脸部肌肉时刻处于僵硬状态呢？

大家都知道希尔顿酒店，其实希尔顿之所以有这么大的成绩还得感谢他的母亲。希尔顿年轻时是一个野心勃勃的创业者，他对财富有着强烈的渴望，终于他让自己的财富上升到一千万美元，这时他骄傲地把自己的成就告诉母亲。谁知道他的母亲没有任何惊喜，只是淡淡地说："你跟以前没什么两样，所以不要沾沾自喜，还是想想办法如何留住你的顾客吧，让他们住过你的酒店之后下次还想住，只有这样你才有前途。"

母亲的这番话让头脑发热的希尔顿顿时冷静下来，希尔顿开始思考如何留住顾客，终于他找到了一个行之有效的方法：微笑服务。这个方法给希尔顿带来了很大的收益，希尔顿每天都要求服务员对顾客微笑。微笑会让人心里舒畅，当顾客感觉舒畅和轻松时，自然下次还会光顾你的酒店。

现在这个社会，大家都在为生存奔波，很容易忽略微笑这个小细节。就像马云说的，快乐要展现出来。如果一个人心里快乐，就不应该藏住自己的快乐，你微笑时，别人也会受你情绪感染，分享你的快乐。

其实，喜怒哀乐都由你自己决定，很多人在面对逆境依然可以保持微笑，为什么有的人有权有势却始终拉长着脸？说白了，境由心生。心里充满爱，则无处不是快乐；心里没有爱，哪怕开着凯迪拉克还是不快乐。

微笑是一种并不需要太多条件的东西，不像你找工作，公司可能需要你出示大学文凭；也不像你去逛公园，需要买门票……微笑是一种免费的东西，它所需要的只是一点点爱心。

现在的人很容易被烦恼纠缠，而且往往是在外人看来很小的烦恼，结果他们却越陷越深，甚至有人会想不开而走上自杀的道路。

刘晴是大学一年级的新生，她刚入学的时候还对大学充满了希望，可是后来她的心情完全变了。首先，所学的专业并不是自己真正感兴趣的；其次，她发现跟同一个宿舍的女生关系比较难处。她觉得室友们毛病都太多了，有时候她会抱怨自己怎么会这么倒霉，碰上了这么一个大学，碰上了这么一个专业，还碰上了这么一群室友。因为跟室友的关系不好，她感觉特别苦闷。

后来，她去找心理系的老师咨询。老师问她："同学们来自五湖四海，当然生活规律不一样，你让她们晚上十一点以后不要放音乐，她们不听你的，反而跟你顶嘴。我想了解一下，你跟她们说话的时候是不是板着脸？”

刘晴点头：“她们已经这样很多次了。”

老师：“她们都是外地的，宿舍里只有你一个人是本地的，你跟她们说话的时候是一副教训人的口气，她们当然心里不服。你何不尝试着微笑地给她们提建议，或许这个方法更有效。”

后来，刘晴试着按照老师建议的，用友善的、微笑的方式改善与同学的关系。一个月之后，她与宿舍里的同学都成了好朋友。

某公司的李小姐是一个经理助理，她是一位工作非常勤奋的白领，但有一个不好的毛病，没事的时候喜欢胡思乱想。比如，公司里有人在说悄悄话，她就怀疑是在暗地里骂自己。时间一长，李小姐感觉非常烦恼。这可能跟她的性格有关，她是一个非常上进的人，但同时也是一个比较冷傲的人。除了对经理毕恭毕敬，对其他人都是一副冷傲的样子。首先因为她对其他人不友善，就算别人没有说她坏话，她也会怀疑别人说她坏话。

时间长了，李小姐患上了多疑症，常常捕风捉影，这让她困扰不已，她变得越来越在乎别人的眼光，别人说的任何话她都怀疑跟自己有关。慢慢地，李小姐扛不住了，只好去找心理医生。

心理医生给她开的药方很简单：面对同事和下属的时候请带上微笑，不要把别人往坏处想。李小姐按照心理医生说的去做，果然收到了意想不到的效果，她发现其实很多人都会友善对待她。

李小姐之所以担心别人说她坏话，跟她冷漠对待他人有很大的关系。当她试着用微笑去面对同事时，她等于是打开了自己心灵深处的一扇窗，友好地对待别人。

记住，在生活中我们会遇到很多挫折，尤其是“90后”“00后”，因为社会竞争越来越激烈，而且要求也越来越高。在这样的背景下，他们容易产生很多消极的情绪。但请记住，在任何情况下，消极态度都不可能解决问题，面对挫折时，时常带着笑脸，这样挫折才会慢慢地变成舟船，带你到达目的地。

没有挫折的人生是不完美的，这是一句至理名言。温室里的花朵虽然不会经历风雨，但它们终究只是用来装饰花瓶的，最清新、最自然的香味来自野外的花朵，因为它们经历过风雨的洗礼。

挫折会给人带来痛苦，也会让人迷惘，但它也是人生一笔重要的财富。没有挫折，如何成熟；没有挫折，如何能够练就坚韧不拔的性格。请用微笑享受挫折的经历吧！

快乐与阳光无处不在

永远不要抱怨生活中痛苦多、快乐少，如果说痛苦无处不在的话，快乐同样也是无处不在的，关键看你如何选择。

诗人巴尔蒙特写过这样一首诗：为了看看阳光，我来到世上。这句诗看起来平淡无奇，但却藏着深刻的哲理。它告诉人们，活在世上的目的不是看各种痛苦和不幸，而是看太阳；一边是阳光，另一边是痛苦和不幸，你的心脏只有那么大，你选择让自己的心里装满阳光呢，还是选择让自己的心里装满痛苦、不幸、愤怒、抱怨、悔恨呢？

道理非常简单，大家都知道要选择阳光，可是真正做起来，却没有几个人能做到，大多数人都会陷入痛苦、不幸、愤怒、抱怨、悔恨和伤感中。为什么看似简单的道理做起来却这么困难呢？因为人很容易遇境生情。换句话说，人的情感很容易被外在的环境左右，环境一变化，人的心情也随之发生改变，而且这种改变是无意识的，自己很难意识到。本来一个人心情畅快，后来发生了一件不愉快的事情，心情立刻变糟。这说明了什么？这说明一个人对环境的抵抗能力很弱。

任何东西都有利有弊，乐观的人看到事物好的一面，悲观的人看到事物不好的一面。就如半桶水在那儿，乐观的人看到里面有半桶水感到欣慰，悲观的人看到只有半桶水而心生悲观。

心态即使不能决定一切，至少能够决定你的喜怒哀乐。

好的心态不只能让你情绪良好，而且能给你带来利益，有的时候，当然在极其少见的情况下，甚至能救人一命。这并不是夸张，大家都知道苏东坡曾经因为乌台诗案而下狱。苏东坡这个人心态好，他觉得自己是被冤枉的，进了狱中以后，也懒得去哭喊冤枉了，而是一副悠然自得的样子，吃好喝好。毕竟他是大文豪，狱卒也不敢在酒肉方面怠慢他。苏东坡每天都吃饱喝足，晚上睡觉时啥也不想，睡得香香甜甜。本来宋神宗想杀了他，想想还是派一个亲信去牢里暗中观察苏东坡。这个人回来后报告说，苏东坡一点都不像做了亏心事的样子，胃口和睡眠都很好。皇帝一想，可能我真的冤枉了苏东坡，于是便把他释放了。

我们都不是苏东坡，也做不到和他一样，但是我们完全可以学习他乐天安命的心态，一个人如果有这样的心态，还有什么事情能让他犯愁呢?

有一个大家常用来调侃的很有意思的笑话：有人把英文单词“English”给不同的人看。第一个人把它念成“阴沟里洗”，结果这个人成了卖菜的；第二个人念成“硬给利息”，结果这个人成了银行家；第三个人念成“因果联系”，结果他成了哲学家；第四个人念成了“应该缕析”，结果这个人成了管理咨询者……

这当然是个笑话，不过这个笑话也有教育意义，它告诉人们同样一个东西，你看到的其实是你内心想看到的东西，所以看成“阴沟里洗”的人成了卖菜的，看成“硬给利息”的人成了银行家。

这世界从来不缺乏快乐和阳光，只要你有一双能够发现快乐的眼睛，你会感到生活中处处充满阳光。曾经有人做过这样一个调查：这个世界上究竟什么样的人最快乐。答案让很多人吃惊，最快乐的人不是亿万富翁，也不是有头有脸的大人物，而是这四种人：玩耍的孩子、给婴儿洗澡的母亲、正在欣赏自己刚刚完成的作品的艺术家、经过辛苦的努力救治了病人的医生。

这四种人告诉我们的是同一种道理，快乐就是让自己的心灵得到满足。

人生在世，有太多的痛苦与烦恼。你很想得到一个东西，很想成为一个什么样的人，可惜你得不到，成不了那样的人，这就是“求不得”，对一个东西的欲望越强烈，感受到的痛苦越强烈。你很爱一个人，但是却注定要与之分离，这就是“爱别离”，爱得越深别离的时候就越痛苦……

所有这些都会成为一个人痛苦的根源，但是你必须明白，这些东西归根结底是不好的，如果你让它们长久地占据在你的心里，它们就会慢慢地变成心灵的垃圾，到最后你的心灵就会成为一个负面情绪的泥坑。所以，对于负面的情绪，我们要及时地清理，就像清理垃圾一样。因为只有这样，你的心里才能容纳得下快乐。

有一个老太太很有意思，天晴她也哭，下雨她也哭。因为这个老太太有两个女儿，大女儿卖雨伞，二女儿卖冷饮。天一放晴，老太太担心大女儿生意不好，下雨天她又担心二女儿生意不好。最后，这个老太太实在哭得太多了，她的女儿找到一个智者开导她。智者对她说："老人家您这又是何必呢？您应该这样想，天晴的时候二女儿的生意一定不错，冷饮肯定热卖；下雨的时候，您就应该想，今天大女儿的生意一定很好。这么一想，您不就从天天悲伤变成天天快乐了吗？"

这个故事说明，同样的一件事情，在有的人看来满目悲观，但是换一个人，可能看到的是完全相反的景象。所以说，不要总从外界找快乐，快乐的根源有时在你自己的心里。如果你的心里一片阴霾，就算晴空万里，你也觉得烦闷无聊。

悲观的人有一个特征，他们看任何一个东西首先看到的是不好的一面，所以他们觉得人生枯燥乏味，充满痛苦。乐观的人则相反，他们看一个东西首先看到的是美好的一面，所以他们觉得生活中处处充满希望，处处潜藏着快乐与阳光。

如果说心灵是一艘船，尽量让它装载着快乐吧！

学会享受孤独

现在的人越来越害怕孤独，而孤独却无处不在。人们害怕孤独其实是基于一种错误的认识，认为孤独是不好的，多与人交往才是好的。真的是这样吗？

任何事情过度了都不好，正如古希腊德尔菲神庙上的箴言说的：凡事勿过度。

太孤僻的人肯定不好，但是交际狂也不好。太孤僻会让人远离社会，交际狂却让人远离自我。如果说孤僻是一种病，那么过分依赖社交同样也是一种病。

有人说孤独是可耻的，这个观点原本不值一驳，应该说说出这种话的人是可耻的。说出这种话的人完全不懂得生命的真正意义所在，生命的意义不是流转在转瞬即逝的人情冷暖中，而是植根于沉思与爱心中。

有人说灵魂只能独行，虽然很多人不相信人有灵魂，但至少我们应该相信，人有心灵。心灵最需要的东西不是喧嚣，不是人情冷暖，而是安静和空旷。这就是为何我们要学会享受孤独，如果不学会享受孤独，我们将很难与心灵和谐相处。

有句谚语这么说：老虎和狮子喜欢独行，只有狐狸和狗喜欢成群结队。

这个谚语虽然比较尖刻，但确实有一定的道理。它告诉我们：害怕孤独可能也是一种病，害怕孤独可能是因为内心过于胆怯和软弱，所以才需要成群结队行走，以此增加安全感。

很多人都在逃避孤独，在生活中这样的例子随处可见，比如说一个人一有空闲就不能静下来，非要找点事做不可，不是打电话，就是上QQ，或是玩游戏，要不就是泡吧……他们所做的一切就是避免一个人待着，当他们一个人待着的时候，他们内心会感到非常恐慌，好像他们非常害怕面对自己。

其实，享受孤独是一个人内心成熟坚强的标志，只有成熟才能明白，孤独是人生不可避免的一种状态，只有坚强才能看清，孤独其实一点都不可怕，相信它是一种值得享受的状态，也是一个人创造力和灵感的源泉。

君不见，历史上那些在科学和艺术方面作出重大贡献的人都是善于享受孤独的人，比如牛顿。牛顿的万有引力是怎么发现的？是牛顿为了躲避瘟疫在乡下的一棵苹果树下冥想时发现的，这就是孤独赋予人思想的力量。

现在人不怕忙，就怕闲；不怕压力，就怕轻松；不怕心里一团乱麻，就怕心里空空荡荡。从某种意义上来说，过分执着于工作本身就是一种不自然的生活，很明显，现在都市中很多人都把工作当成了唯一的重心。一旦在工作中无法实现价值，或是工作给予了他或她重大的打击，他们一下子就会觉得信念没了。

根据一些哲学家的看法，技术化的工业社会本来就是一种异化的文明，也就是说这并不是人本来的状态，而是异化的一种状态。所谓的异化就是人们追求物质的生活，但结果却被物质控制，物质的丰富不但没能带来幸福，反而带来痛苦和迷惘。

这个世界太喧闹了，所以需要给自己的心灵一个安静的空间。当你独处的时候，其实就是净化心灵的好时机。孤独给了我们一个好机会让我们能荡涤心灵的杂质，让心灵慢慢恢复澄清的状态。

若一个人独处的时候还胡思乱想，甚至比不独处的时候想得更厉害，如果想的是一些美好善良的东西还情有可原，假如想的全是一些负面的东西，这等于是在给自己的心灵增添负担。

何谓享受孤独？享受孤独就是让你在孤独的时候抛除一切烦恼，心灵通达无碍，这才是享受孤独。就好像人要收拾自己的房间一样，孤独的时候正是你收拾自己心灵房间的时候。如果没有孤独时对心灵的打扫，一个人的心灵将会凌乱不堪。

对于那些修禅的人来说，独处是认识自己心灵的一个必要的途径。如果不能孤独地面对自己的心灵，怎么能达到见心明性的效果？其实除掉烦恼、发现真我的方法并不难，就是把那些拖累你心灵的东西全部舍去，明白哪些是你真正想要的东西，哪些是后天滋生的过度的欲望。我们当然不主张把所有的欲望都灭掉，那样就等于是出家了，我们只是要求把过分的欲望灭掉。

城市的生活节奏非常快，所以在城市里工作的人们神经绷得也特别紧。假如有一天，你突然发现你生活在一张巨大的网中，在这张网中你根本没有宁静与自由，你的身边总是被各种各样的朋友和同事纠缠，你每天都在担心工作没做好被经理骂，每天都在担心客户跑掉，每天为各种各样的琐事操心……那么，你的处境就比较危险了，当一个人神经处于高度绷紧的状态，这意味着随时可能会崩溃。不过，就像六祖慧能大师所说，烦恼即菩提。如果你发现成天被烦恼纠缠，那说不定你能当下觉悟，意识到生活本应回归自然状态，人心不应该装太多不必要的东西。

当你感觉到自己心头的重压越来越沉的时候，是时候停下来歇会儿了。一个人静静地待着，把俗世的烦恼全部抛到脑后。就像郑智化在《水手》歌中唱的：只有远离人群才能找回我自己。远离人群一段时间，远离社交一段时间，与自己的心面对面地相对，你会发现你的心会发生一种神奇的变化，当烦恼的外衣脱掉后，心灵充满了快乐与淡泊。

生活中，也有很多人有意识地给自己独处的时间和空间，因为只有这样，他们才能感觉好受一点，才能从纷繁复杂的都市生活中解脱出来。学会定时清理内心的尘埃对于现代的都市人来说是一门非常重要的课程，读者们读了这本书以后一定不要忘记，当你孤独的时候正是你清理内心垃圾的好时候。

时常怀有一颗感恩的心

感恩之心是人类最为美好的情感之一,一个人不管处于什么样的境地，也不要丧失感恩的心。感恩之心不是取决于别人帮了你多少，而是取决于你内心有多善良。心中有感恩之心的人会经常乐于帮助别人，心中缺乏感恩之心的人就算你对他有恩，他也不会帮助你。

卢梭说："没有感恩就没有真正的美德。"懂得感恩，你才能坦坦荡荡地生活；懂得感恩，你才可能拥有阳光心态；懂得感恩，你才可能更容易成功，因为成功的路上需要别人的帮助，而人们更乐于帮助懂得感恩的人。

毫无疑问，社会中充斥着金钱至上的思想，但不管社会如何变化，怀着感恩之心永远是不错的，就好像有天有地才有人，没有天就没有阳光，人类就无法存活；没有地无法长出食物，人一样无法生存。没有父母，哪来的你，单凭天地与父母的存在，人就应该怀着感恩之心。不要去管社会怎么样，社会的冷漠不能成为一个丧失自己感恩之心的借口。

心态决定了人生，自私不会带来真正的快乐，快乐存在于给予和感恩中。点亮一盏灯，是为了将下一盏灯也点亮，当一盏灯被点亮时，它只有心怀感恩之心才会去点亮下一盏灯；一盏灯如果不懂感恩，它就只管自己亮着，而不管别人是否在黑暗中，那么它将是自私的、孤独的。

有很多人经常在抱怨社会。诚然，社会有很多不尽如人意的地方。但是我们要知道，抱怨行为本身对自己是不好的，而且抱怨对一个人的成长和发展都不利。如果你想成为一个成功者，养成抱怨的习惯可不是好事，因为抱怨会浪费你的精力，熄灭你的进取心，最后会让你的情况越来越糟。

如果你是一个聪明人，就应该学会让感恩替代抱怨。慢慢地，你会发现生活正在一点一滴地往好的方向改变。有一个寓言非常深刻，讲的就是抱怨其实就是一场空。

有一个年轻的农夫，他正划着小船到另外一个村子里去，他想把自家的农产品卖到这个村子。当时天气非常炎热，农夫划着小船苦不堪言，他很想在天黑之前到达那个村子。突然，农夫看到前方有一只小船沿河而下向自己冲过来，眼看两条船就要迎面相碰了。农夫朝那只船吼叫，但是那只船并没有改变方向，仿佛是故意要撞农夫的船。

农夫大吼："快点让开，白痴，再不让开你就要撞上我的船了。"可惜，对面的船对农夫的吼叫充耳不闻，结果撞上了农夫的船。农夫愤怒地推开船，骂道："你这个白痴，会不会驾驶船啊，这么宽的河道，你居然撞到我的船上。"

当农夫想找那只船的主人评理时，他吃惊地发现，小船上空无一人。原来他对其大吼大叫的不过是一只挣脱绳索沿河漂流的空船。农夫一下子若有所悟。

很多时候，在面对困境时，我们就像这个农夫一样，抱怨、愤怒、痛骂。但结果呢？也像这个农夫遇到的一样，什么都没有改变。然后再回过头来一看，忽然悟出其实抱怨本是一场空，抱怨也是这样，不抱怨也是这样。那干脆不要抱怨了，踏踏实实去做自己能做的事情，不能改变世界，你至少可以改变自己。

如果你是一个整天生活在抱怨中的人，或者即使你嘴上没有抱怨，但是心里充满了抱怨，那么立刻停止抱怨，不要再让抱怨吞噬你的生命。从现在开始，换一副心情，用感恩的心滋润你的灵魂，让它长出善良之花。

第二章

如何拥有一颗强大的心

现代社会是一个竞争非常激烈的社会，如果你没有一颗强大的心灵，面对日益激烈的竞争很容易崩溃。社会中优秀的人往往是一些心理强大的人，一个人如果在心理上输了，那么他面对这个世界的时候就已经输了。而心理软弱的人难逃被动挨打的命运，心理软弱，不仅输掉世界，更输掉整个人生。

能力强不等于内心强大

这个世界永远存在着强者与弱者之分，过去我们认为成功的人就是强者，失败的人就是弱者。其实这是一种偏见，随着智慧的增长，很多人慢慢明白了真正强大的人不是那种拥有超强体能的人，也不是善于赚钱的人，而是心理强大的人。

打败别人充其量不过是一个勇者，战胜自己才是真正的强者。

现代社会是一个竞争非常激烈的社会，如果你没有一颗强大的心灵，面对日益激烈的竞争很容易崩溃。社会中优秀的人往往是一些心理强大的人，一个人如果在心理上输了，那么他面对这个世界的时候就已经输了。而心理软弱的人难逃被动挨打的命运，心理软弱，不仅输掉世界，更输掉整个人生。

我们放眼看看这个社会，大多数人都被生存压得喘不过气来。在心理学上，有一个叫习得性无助的效应。也就是说当一个人持久地处于绝望的处境中，一次次地挣扎都不能改变自己的处境，那么即使后来机会出现，他可以改变自己的境况，但由于他已经习惯了无可奈何，所以根本不可能产生动力去改变。

这就好比把一头小牛拴在一个木桩上，小牛无数次地挣扎，却挣脱不了木桩。后来，小牛终于放弃了。有一天，这头小牛完全长大了，以它现在的能力，完全可以挣脱木桩。但由于长期的失败导致小牛心里已经产生了习得性无助，这时它完全没有自信，它认为这个木桩是完全不可能挣脱的，所以根本不敢产生挣脱的想法。

在现在这样一个社会中，每个人都应有一颗强大的内心，不要让习得性无助在自己身上出现。只有这样，你才能拥有坚定的自我，也只有这样，你的心理世界才不会被人撼动。

有人肯定会问：什么样的人属于心理强大的人？那些具有超凡毅力，能够坚持自己的道路的人都是心理强大的人。比如苏格拉底，他被雅典人民判处了死刑，他却拒绝学生们营救他，坦然面对死亡。那些为了捍卫信仰视死如归的人都是心理非常强大的人。

那么，我们再来看看那些貌似心理强大其实未必强大的人。

思想家、心理学家弗洛姆曾经讲述了这样一个故事。有一天，弗洛姆在一家邮局附近看到了这一幕：当天下午，有一个客户走进一家邮局，想发一个快递。这时候刚好到了下班的时间，邮局的员工告诉客户，让他明天再过来。这个客户百般恳求，说自己这个快递很急，求邮局员工帮帮忙，但邮局员工连搭理都不搭理他。当客户愤怒又失望地离开时，邮局员工看着客户的背影，嘴角露出一丝冷笑。弗洛姆看到这一幕，他把邮局员工的冷笑称为“施虐狂的微笑”。

弗洛姆谈到这件事时，提了这样一个问题：这个邮局员工在这个客户面前是不是心理很强大呢？

弗洛姆自己给出的答案是：完全不是。弗洛姆说，靠权力施虐的人根本就是一个懦夫，真正强大的人绝不滥用权力来显示自己的强大。根据弗洛姆的观点，那些将自信建立在金钱上的人同样是一些弱者，因为一个真正的强者绝不会靠彰显财富来显示自己的厉害。

从弗洛姆的故事中我们知道，心理强大跟权力没有直接关系。同理，心理强大跟金钱也没有关系。

我们可以说，在所有的强大中，心灵的强大是最为根本的一种。我们千万不要追求外在的强大，那些东西只不过是自欺欺人的表象，要做到内心的强大首先要拿掉金钱、权力、豪宅、关系这些东西所装饰起来的虚假光环。当你抛开一切浮华和虚假的东西，这时候如果你心理仍然很强大，那么你才是真的强大。

克服成长过程中留下的心理创伤

任何人在成长过程中都可能留下一些创伤，如果这些创伤没有被及时发现和化解的话，很可能会深深地埋藏在心里，影响一个人正常的成长过程，所以心理学家非常重视精神病患者的童年经历，因为童年对一个人一生的影响非常巨大。

很多人看过电影《沉默的羔羊》，其中的食人魔汉尼拔就是童年时受到重大精神创伤的人。按照正常人的思维，受过重大精神创伤的人心理应该更脆弱才对，又怎么会变成一个令人毛骨悚然的食人魔？这从弗洛伊德的精神分析理论完全可以解释，一个在童年受过重大精神创伤的人他的一生就会致力于克服和超越这种创伤，他必须变得非常强大才能克服童年时的那种恐惧。这就好比说，一个人要想战胜恶魔，就必须把自己变成更为强大的恶魔。

事实上，克服心魔的办法有两种：一种是食人魔汉尼拔式的罪恶方式；另一种是通过了解自我建立起正确的人生观和道德观的方式。

在现实生活中，很多人虽然长大成人了，但是心理上并没有成熟。在弗洛伊德看来，那种对金钱贪得无厌的人就是心理上没有成熟的人，这些人处于肛门期阶段。

处于肛门期的人有一个特点，喜欢拼命地破坏，喜欢无止境地叛逆，只有这样才能让他们感觉到刺激。肛门期类型的人在长大之后由于心理发育没有成熟，所以他们经常喜欢做一些破坏的事情引起世界的注意，同时让自己内心得到满足。

正常的儿童发育一定会经过肛门期，但也会出现例外。如果在成长过程中，一个儿童经历了某种创伤，就有可能打乱正常的心理发育进程。任何一个儿童在成长过程中都有可能出现精神创伤，但是不是一定会造成恶劣的影响呢?

也不一定，不同的儿童承受能力不同，可能同样一件事会让一个儿童的心理受到重大创伤，但是对另一个儿童却不过是轻度的心理创伤。有的儿童痊愈能力强、适应能力强，这样的儿童往往能成功化解心灵创伤，并在这种挫折中成长得更为成熟。另外一些儿童却将心理创伤深深埋在心底，等到成年后经历过一些不好的阴暗的事情的刺激，他们内心的魔鬼就会释放出来。

很多变态杀手都是这样变成的，幼年时期的精神创伤深埋心底，长大后经历的种种不公平以及别人的虐待，到最后一个正常人的心理防线完全崩溃，心理导向另一个极端："既然这个世界让我痛苦，既然别人不把我当人，那我也不把别人当人，既然别人给我制造痛苦，那我就给别人也制造痛苦吧……"

这些冷血杀手通常最明显的特点便是，对生命毫无敬畏之情。应该说，他们的内心世界在成长的过程中受到了扭曲。

那么，如果一个人在成长过程中受到了精神创伤，逐渐失去了对生命的敬畏，他们该如何克服这些心理障碍，重建健康与自信的心理呢？

首先，不能任由阴暗控制自己，如果失去了对生命的敬畏，应该立即重拾起来。即使你不信神或佛，你也应该这样想，生命来自自然，是由造化创造的，我有什么理由把生命看成没有价值的东西呢？

其次，要多接触一些正面的信息，多看积极向上的书籍或影片。试着让自己的心灵变美丽，试着用阳光的心态和阳光的笑脸去面对生活，如果碰到让你很痛苦的人，试着去感化，不要选择对抗性方式。

再次，要多跟人接触，尤其要多跟那些心中充满爱的人接触。人是很容易受环境影响的，所以古人说近朱者赤、近墨者黑，长期和仁者接触，慢慢也会受到仁爱的熏陶。

最后，要坚持体育锻炼，让身心得到运动，气血运化，这样人不容易受不良情绪感染。

善于控制情绪的人都是强者

人活在这个世上会碰到各种各样的事情，如果我们的情绪永远随着环境转，那就会时刻处于喜怒哀乐中，伤神又伤心，多么得不偿失的一件事。所以佛家说：“心能转物，即同如来。”

心情不随外在环境而改变，这样的人也如同是圣人。我们一般人还是很难做到，那么我们就试着控制一下自己的情绪。也就是说当外界已经影响到你的情绪时，比如说别人的一句话让你非常愤怒的时候，一定要控制住自己愤怒的情绪。

除了一个人独处的时候，在这个社会里，所有地方都不该是发泄情绪的场所。但即使一个人独处，我们也不建议发泄情绪。情绪应该慢慢化解，而不能作爆发式的发泄。

学会控制自己的情绪其实是掌控自己命运的开始。这么说是不是有些夸大其词呢？其实没有，因为一个人的命运是由一些细小的事情影响的，就好像一根长长的绳子，当中有许多结，这些结就是命运的转折点。在命运转折点的关键时刻，你的情绪将直接影响未来，如果你学会控制自己的情绪，那就等于是把握了未来。

善于控制情绪的人都是心理强大的人，因为他们不会那么轻易地被别人或是被环境牵着鼻子转，他们有自己独立的人格和独立的思考能力。

心理学家说愤怒是因为恐惧，一个人在成长过程中经历了某些让他感觉恐惧的事情，当成年后，类似的场景出现，或者仅仅是刺激了童年时的幻想，恐惧就会“昨日重现”，一个人就自然而然地陷入愤怒之中。

所以面对愤怒，首先要克制愤怒的感觉，其次要从根源上找出问题所在，没有人天生就是愤怒的，找出童年时让人感觉恐惧和没有安全感的事情，从心理上克服它，然后就可以成功地克制愤怒。

一个人要想心理强大，自卑也是一个必须克服的魔鬼。我们的世界本身是一个由自卑驱动的世界，自卑很多时候可以化成动力。也许正因为有自卑，人类的科技才能发展到现在的程度。就像乔布斯，因为缺少安全感和自卑，他内心产生了巨大的反作用力，他想用巨大的成功来克服不安全感和自卑心理，最终他成功了。

自卑是人类最为复杂的一种情绪，一个人如果不能超越自卑，那么他在心理上就永远处于没有出路的黑洞中。很多自卑的人为了迷惑自己或他人，会用许多外在的东西作为支撑，比如一些自卑的人用钱或是名车填补自卑所造成的空洞。有的自卑者通过制造轰动性事件来吸引社会的注意，一些连环杀人狂就是这种类型。还有一些自卑者将自卑化为仇恨，通过不断地破坏和作恶来肯定自己的存在。

无论如何，如果不能正确面对自卑，轻则伤自己，重则害社会。所以，我们一定要学会用理性的眼光看待自卑。

何谓理性的眼光？第一，你要明白是人都有自卑，只是每个人的自卑不同而已；第二，不要太把自卑当回事，以一颗平常心看待自卑；第三，要正视自卑，找到自卑的原因，如果是因为你可以改变的原因而自卑，那么你可以通过克服自己的缺点去克服自卑（假如一个人是因为穷而自卑，那么可以努力赚钱克服自卑）；第四，如果你自卑的原因是无法改变的客观原因，比如有的人因为先天残疾而自卑，而你无法改变先天残疾的状况，那么你就试着改变自己的内心，告诉自己，是老天让自己残疾的，这是人力无法改变的事情，不应该为这个而自卑，应该堂堂正正、自尊自爱地做人。

谈到心理强大的问题，很多人把冷漠混同为心理强大，其实这也是一种错误的认知。冷漠是一种防守的姿态，它不仅不能证明心理强大，反而证明心理不够强大。面对危险有两种态度，真正心理强大的人会选择勇敢地去正视，而不是冷漠地防守，远远地逃离。不过我们也应该承认，冷漠确实可以起到一定的自我保护作用，只是这种方法终究不是长久之计。要让心理强大，一个人必须破除冷漠的壁垒，冷漠不破，一个人心理不可能真正强大。

在中国的儒家经典《中庸》中讲到喜怒之未发谓之中，发而皆中节谓之和。整个《中庸》讲的就是控制情绪，为什么控制情绪这么重要呢？《中庸》里面已经给出答案了：中庸之道。用我们现代的眼光解释就是：控制情绪，一个人才能身心和谐。一个人只有身心和谐，才能与周围的环境建立一个和谐的关系。

如果你不善于控制情绪，那么试着在情绪的风雨来临之前，做几个深呼吸，慢慢让自己的情绪平静下来。一些极端的情绪有时候就像是洪水猛兽，它们会吞噬人的理性，对于这样的情绪一定要做到及时控制，免得酿成祸害。

总之，我们要将暴力情绪扼杀在摇篮里，一旦感觉到暴力情绪滋生时，就要立刻用正确的价值观将其消灭。

暴力情绪产生的根源

受一些电影电视的误导，现在的一些青少年产生一种错误的认识，认为那些拥有超强的攻击能力的人是强者。其实，这种看法是完全错误的，真正的强者绝不是滥用暴力的人，约束暴力和攻击性的人才是强者。

只有内心善良的人才有可能拥有真正的强大。

为了有效地制止暴力情绪，我们有必要了解暴力情绪产生的根源，事实上很多恶性的暴力情绪并非一下子发展壮大的，它是经过发酵酝酿而成的，很多宗教冲突和暴力事件往往最初的起因不过是一些厌恶感。

人类的历史充满了杀戮和战争。即使是步入文明社会的今天，暴力和杀戮依然没有削减的态势，以前大规模的战争虽然不存在了，但是人们内心深处的狂暴和残忍并未消失。

20 世纪，人类在科学和技术方面取得了空前的发展，然而大量的人死于战争和恶性暴力事件。这不能不让人怀疑：是不是人真的像希腊神话中的米诺陶斯一样是半人半兽的怪物？

心理学家把人类表现出来的攻击性行为分为两种：一种是敌意性攻击行为，这种攻击性行为由愤怒引起，以造成伤害为目的；另一种是工具性攻击行为，这种攻击性行为是为了达到某种目的，比如抢劫。

人类的大多数暴力行为属于工具性攻击行为，也就是说人类的攻击行为大都有目的，并不是纯粹为攻击而攻击。一旦目的达到，攻击性行为也就停止。而因冲动产生的暴力行为就属于敌意性攻击行为，这种行为的产生首先要有一种介质：敌意。也就是说，在这种攻击性行为中，敌意是暴力的根源。

不同的心理学家解释人类的暴力行为时有着不同的理论，弗洛伊德认为人类的攻击行为植根于人类本性深处一种自我破坏的冲动，也就是众所周知的“毁灭本能”。但德国动作行为专家洛伦兹认为攻击行为并非来自破坏本能，而是人类的一种适应性行为。但他们都认同，暴力所产生的能量来源于本能，如果这种能量不及时释放，就会越积越多，最后酿成更大的危害。在弗洛伊德和洛伦兹看来，两次世界大战就是攻击性能量大量蓄积后产生的，就好比天上乌云汇聚，最后下了一场大暴雨一样。

不过也有一些心理学家不认同人类本性具有攻击性的理论，还有一些心理学家认为，攻击性行为之所以产生主要是因为挫折。

我们不妨来做一个假设，假如说现在是一个凉爽的夏夜，经过三个小时的加班后，你踏上回家的路。路上你感到口渴，于是拿着零钱走向一个自动售货机。你把硬币投进机器里，急切地想拿到一罐冰凉的可乐。但是，当你按下提货的按钮时，机器却毫无反应，这时候你的心情就出现了不愉快，血压在上升。你又按了一次，机器还是没反应。你心里开始窝火了，于是你按下退钱的按钮，结果发现机器还是没反应。你终于控制不住了，用力地敲打着机器，可是机器仍然毫无反应，既没有掉下可乐，也没有退出你的硬币。这时候，你已经怒火中烧了，体温迅速上升。当你带着这样的状态回到房间里，室友一定能感觉到你现在正处于易怒的状态。这时候，他们难免会小心翼翼地对待你，害怕你会拿他们出气。因为在这种情况下，你更容易说出伤害人的言语。

这就是挫折攻击理论的经典例子，换句话说，一个人之所以出现攻击性行为主要是由于事情不顺利，经过了某些挫折，所以急需发泄。如果一个人心态不好，生活中任何障碍都可能演变为挫折。

有一篇杂文就写了一个故事，讲述的就是挫折攻击理论的现实形式，当一个人经受挫折的时候，他不会直接朝导致他受挫折的那个源头去发泄，尤其是这个源头远远比他要强大时。一个员工上班时受到领导的羞辱和谩骂，为了饭碗，他忍气吞声，回到家里，将愤怒转移到妻子身上，妻子受了冤枉气，但不敢得罪丈夫，于是将怒火发泄到儿子身上。儿子莫名其妙被训斥，心里也很不爽，但也不敢顶嘴，于是一脚踢向家里养的小狗。怒火就像多米诺骨牌一样，一级一级地传递下去。

实验心理学家通过观察和研究发现，一个儿童一旦成功使用暴力胁迫了其他儿童，那么他在成长过程中就会越来越倾向于采用攻击性的方式来达到自己的目的。那些在童年时经常受到父母体罚的孩子也更容易产生攻击性行为。此外，儿童有很强的模仿能力，如果他生活在一个充满暴力的环境里，更容易模仿暴力行为，长大后更容易成长为一个具有暴力倾向的人。

所有暴力情绪的产生几乎都有一个共同的特征：主体感觉不适，身心失调。从某种意义上来说，暴力情绪也是企图重新矫正身心的一种尝试，但事实上往往收到完全相反的效果。

人之所以在遭遇挫折后容易产生暴力情绪，就是因为经受挫折后没有及时调整，身心于是呈现出不适的状态。

当然，天气和体温过高也会引发人的攻击性情绪，因为这种情况下人感到不适。科学家经过试验发现，在炎热的房间里，人们的攻击指数明显上升。人与人的距离过近也会引发身心的不适，比如说你在火车站里等车，人山人海，你的心里一定很烦躁，在这种情况下，人的体温会升高，攻击性也会增加。

不过，暴力情绪产生的根源其实还是身心的不适，一个身心完全舒适的人是不可能产生暴力冲动的。真正的舒适是清凉恬淡，无欲无求，自我感到非常满足，大喜或大悲都是一种不适。

了解了暴力情绪产生的根源，我们就应当知道如何对症下药，控制这些不好的情绪了。当你感觉不好的情绪产生时，尽量让自己心里不要烦乱，保持清凉淡然的心态，这样身心就会慢慢舒适，不好的情绪也就会慢慢消失。

用心理定力克服“存在的焦虑”

我们生活在一个充满变幻和不确定的世界，世界越丰富多变，它所带来的不确定就越多，在这样一个变化无常的世界里，一个人要想保持闲适悠然的心态确实相当困难。

社会总是充满风险，任何选择都有可能带来不安全感。要成为心理强大的人首先要克服内心深处的不安全感，找到一个坚定的态度面对人生的不确定性。

人生的不确定性对于许多心理软弱的人来说是一项持久的折磨，谈恋爱时担心分手，结婚时担心离婚，找工作时担心被拒绝，找到工作后又担心被老板炒鱿鱼，在外面吃饭担心不健康，在家里吃饭又担心油烟熏到自己……

总之，对很多人来说，不确定性是一个可怕的魔鬼，他们宁愿面对确定的失败也不敢面对不确定性。有个有趣的故事，说的是哲学家的驴子：一个哲学家养了一头驴子，这头驴子由于长期跟着哲学家，比一般驴子要聪明很多，有很强的思辨能力。有一天，哲学家参加晚宴很晚才回来，驴子肚子饿得咕咕叫。哲学家回来后，觉得委屈了驴子，就在食槽里放了两堆上好的草料。结果这头驴子对着两堆草料嗅来嗅去，不知道该先吃哪一堆，当驴子把头伸到左边的草料时，问自己：“我有什么理由一定要先吃这一堆呢？”

伸到右边时，驴子还是问相同的问题，结果驴子发现，自己根本找不到理由先吃任何一堆。就这样，驴子活活饿死了。

这头驴子就是面对不确定性时感到焦虑，对驴子来说，确定性是自己存在的依据，它要吃一堆草料，必须要找到一个充足的确定的理由。

这个寓言其实反映的是人类的处境，所以我们没有资格嘲笑那头驴子，一个人若非超凡入圣，一定会遇到驴子所面对的难题，也就是面对选择所产生的焦虑。

这种焦虑就像病毒一样会侵蚀人的心灵，让一个人变得软弱无力，做事犹豫不决，焦虑反复，患得患失，迷惘失落，颠倒妄想，总之，它会不停地削弱一个人的心理。要想成为一个心灵强大的人必须要克服存在的焦虑。

存在的焦虑最容易出现在有道德原则的人身上，因为有道德原则的人在面对现实的时候不完全遵照趋利避害的原则，当现实的利益与他们的道德发生冲突时，他们会陷入激烈的思想斗争中。但是，对于那些没有道德原则的流氓来说，就没有这么多障碍了，他们为了利益可以轻易跨越道德的藩篱，根本不需要经过任何心灵的冲突，因为这些人早已杀死了自己的人性和道德。

这就是通常人们所说的，坏人活得很舒坦，好人反而活得很痛苦。在弱肉强食的社会，由于坏人做事没有底线没有原则，某些时候他们确实可能会获取比好人更多的利益。这无疑让很多人心里愤愤不平。不过，其实在很多情况下，坏人也会遭到报应。

我们假设这个世界确实非常不公平，那如何才能让世界公平一点呢？那就是所有的好人尽快与这个社会达成某种程度的契合，在自我与社会之间建立一套相对合理的规则，只有这样才能摆脱不确定性带来的困扰。

比如说，如果身边的人对领导溜须拍马，但你很不习惯拍领导的马屁，那么你应该怎么做呢？如果不拍的话，可能会让领导觉得你骨子里傲慢，拍的话又不符合你做人的原则。这时候，你既要保护自己的利益，防止领导因此而刁难你，又要与环境达成妥协和融和。最好的办法就是你可以不拍马屁，但不能不对领导表示尊敬，至少他是你的上司，即使你不欣赏他，也应该尊重他的身份。通常来说，做到了这种妥协，应该就不会有太大的问题。

要拥有一颗强大的心灵首先必须拥有一个强大的心理结构。何谓心理结构？心理结构好比是一个人灵魂的骨架，正是这副骨架支撑着你的精神世界，一旦骨架松动了，就意味着你的精神世界有可能坍塌。所以，心理强大的人往往心理结构更稳固。

恰好我们处在这样一个急速变化的社会里，这个社会紊乱多于秩序，变化多于规则。在这样一个人与人越来越冷漠的社会里，如果你把心理结构简单地建立在适应社会的基础上，那是非常危险的一件事，这意味着你的心理结构随时可能崩溃。一个人心理结构一旦崩溃，如果得不到很好的调整，是很有可能留下精神疾患的。

当一个社会的环境非常恶劣，而在其中生活的人又必须适应这个环境时，就很容易出现神经官能症、人格障碍、心理变态等问题。

因为天下没有免费的午餐，适应恶劣的环境肯定是要付出一些代价的。

那我们怎样才能拥有一个强大的心理结构呢？首先要拥有一套正确的人生观，也就是说在你的人生观里面占主导地位的是善良与诚实这样的正面价值，而不是什么为了目的不择手段之类的负面价值。做人做事要讲究理性，不要在自己的心理结构里纳入太多的情感因素，这样不利于建立稳定的心理结构。

除了正面价值和理性思维之外，还有一个有效的方法：止观。止观可以帮助人找到真实的自我，建立起一个和谐强大的心理结构，从而能对抗充满风险和不确定的世界。

什么是止观呢？止就是停下来的意思，不只是停下你手中所做的事，还要停下你心中所想，做到心静如水，然后慢慢观照自己的内心，这就叫止观。心里一波动就破坏了止观的效果，很多修习禅宗的人都有这种真实的体验，止观确实能够消除人的烦恼、困惑和焦虑，可以慢慢地提高一个人的修养，从而逐渐达到波澜不惊的状态。达到了波澜不惊的状态，就意味着你克服了“存在的焦虑”。

忍辱负重才是真强者

读者应该都了解孟子的名言："故天将降大任于斯人也，必先苦其心志，劳其筋骨，饿其体肤，空乏其身，行拂乱其所为，所以动心忍性，曾益其所不能。人恒过，然后能改。困于心，衡于虑，而后作。"

孟子告诉我们一个什么道理呢？不能忍辱负重就不能成大器，不能忍辱负重不能成真丈夫。所以孟子又说，大丈夫要威武不能屈，富贵不能淫，贫贱不能移。说到底，一个真正的强者是内心强大的人，只有内心强大才能不被外界环境所左右，也只有内心强大才能出淤泥而不染，濯清涟而不妖。

如果一个人外强中干，那么看到一个威武有权势的人肯定会屈服；如果一个人没有内在的坚守，一朝富贵之后肯定把持不住自己，过着淫靡腐烂的生活，很多人都说男人有钱就变坏，之所以变坏的根本原因不是有钱，而是没有强大的内心操守；一个人如果没有坚强的意志，在他贫贱之时如果有人出钱让他做坏事，他难免会犯错。

其实，中国的儒家传统文化有不少内容就是教导人们如何去修炼，如何让自己的内心刚强，不受外物左右的。所以在这里我们推荐那些渴望拥有强大内心的人多看看儒家的经典著作。

一个害怕风雨的人永远不可能成为心理强大的人，心理强大的人敢于接受风雨的考验。所以，对于人生种种的困苦与磨练，我们不应该采取抱怨的态度，而应该学习孟子，把这些都当成是磨心练性的大熔炉。

我们都知道林肯的事迹，林肯的一生是非常坎坷的，经历了无数的磨难，他说自己的童年就是一部贫困的编年史。在当上总统之前，林肯竞选议员时经历很多次失败，他本人也患上了抑郁症，但这些他都熬过来了，最终当上美国总统，并废除了奴隶制，成为美国历史上最伟大的总统。

一个人只要有毅力就能克服种种困难，在逆境中坚守自己的志向。当你感觉自己在逆境中寸步难行，精神正在走向脆弱和崩溃的时候，可以用古人的励志故事去激励自己。

塞万提斯说："忍耐是一副利于所有痛苦的膏药。"善于忍耐的人能够在苦中找到乐趣，不善忍耐的人很容易身在福中不知福，天天抱怨。

在佛教的修行中有一个专门的法门叫忍辱，不能忍辱的人不配成为真正的佛弟子。其实，忍辱不光可以用来修行，更可以成为人们渡过难关、克服心理障碍的利器。

很多人被危机困扰，被外物牵累，活在一种身心疲惫的状态中。英国哲学家罗素告诉世人，一旦你感到某种灾祸出现的时候，不必紧张，只要认真严肃地思考可能出现的最坏结果是什么，然后你就会明白：即使出现最坏的结果，灾难也没有想象中的那么可怕。其实，罗素的方法也是我们处理逆境的方法。在面对逆境的时候，想想最坏的结果是什么，然后对自己说，就算出现最坏的结果也不能压垮我，我一定可以东山再起，一定可以振作起来。

中国古代有很多忍辱负重的例子，这些人在逆境中生存，彰显了巨大的生命力和毅力。譬如越王勾践，他被吴王夫差打败后，为了有朝一日东山再起，甘愿做夫差的奴仆，为夫差养马，听说夫差病了，还跑过去为夫差舔大便看病。他的忍辱终于得到了回报，后来夫差看他忠诚，放他回国。回国之后，勾践秣马厉兵，终于灭掉了吴国，报了当年之仇。

韩信年轻时是一个流浪汉，连个糊口的工作都没有，有一次跑到河边钓鱼，一个洗衣物的老妇人看他可怜，给他饭吃。当时韩信说，等将来自己发达了一定要报答她。洗衣物的老妇人觉得，韩信这种人连生存问题都解决不了怎么可能有出息。不过，韩信虽然穷困，但是志向不小，他的梦想就是成为天下兵马大元帅，一展自己的军事天赋。为了能够有朝一日实现理想，韩信忍辱负重。有一次，一个屠夫拦在韩信面前，他说："韩信你这个要饭的，挎着把剑神气什么，你要是有种就一剑杀了我，没种的话就从我胯下钻过去。"

韩信冷冷地看了屠夫一眼，低下头，从屠夫的胯下钻了过去。这就是韩信忍辱负重的精神，之所以忍辱负重是因为他知道只有这样才能保全自己，从而有朝一日实现自己的理想。

我们换个角度想想，一个人如果像勾践那样敢于在众目睽睽之下尝夫差的大便，那么还有什么事情能让这样的人害怕？他虽然在表面上输给了夫差，可是心理上已经非常强大。像韩信这样，当众在屠夫的胯下钻过去，如果没有强大的内心作为支撑，也是根本做不到的。

第三章

自信让你更有魅力

自信的人敢于展现真实的自己，不会去模仿别人，即使他或她长得不漂亮，也不会认为是一种缺陷。自信的人很清楚自己的价值，知道自己是无可替代的，知道自己拥有独特的潜质，知道未来靠自己去打造。正如哲学家爱默生所说："羡慕就是无知，模仿就是自杀。不论好坏，你必须保持本色。虽然广大的宇宙间充满了好东西，可是除非你耕作一块属于自己的田地，否则绝无好的收成。"

做一个让自己欣赏的人

有一个哲学家说，世上没有完全相同的两片叶子。连叶子都是如此，更何况是人。既然每一个人都是独特的，我们没有理由不去欣赏自己，不去认识自己独特的价值。

很多人也许会说：“我活得这么失败，要房没房要车没车，要爱情没爱情，你让我如何欣赏自己？”——相信这是现在很多人的普遍心理，但我们要说，欣赏自己根本不需要借助于这些外在的条件。难道非得等到成功拥有亿万资产的时候才能欣赏自己？那时候恐怕也不一定能欣赏自己，成功更容易让人失去自我，更容易让人过着奢侈腐化的生活。

欣赏自我首先是从灵魂上、心理上开始的，如果你拥有一颗美丽的心灵，即使别人不欣赏你，你也应该欣赏自己。大部分人都是从功利角度来看人的，如果你对别人没有用处，别人当然不可能欣赏你。所以，千万不要让自我欣赏与他人的欣赏挂钩，不能说大家都欣赏我，我于是欣赏自己，或者说大家都不欣赏我，所以我不知该如何欣赏自己。

每一个人都有优点和缺点，发现自己身上的闪光之处，用理性的态度正视自己的缺点，能改则改，不能改则抑制。如果一个人能做到这点，就没有理由不欣赏自己。

这是一个非常有意思的世界，没有人会因为一个人有些缺点而不宽容他，其实大家都能接受人本身的不完美。相反，如果出现了一个完人，大家可能反而无法容忍这个人。完人只存在于古代的那些圣人和高人中间，他们往往是被世俗排斥的，因为他们与大众太不相同，身上的品质有些远离人性，而具备神性的特征。

缺点从来都不可怕，没有缺点才可怕——这是一句至理名言。所以如果你有些缺点，大可不必太在意，只要好好调整自己，不要让自己的缺点伤害到别人，缺点反而会让你显得更可爱。跟朋友交往也是这样的，往往人缘好的人缺点也一大把。水至清则无鱼，人至察则无徒，这是古人讲的哲理。

曹雪芹说："太高人愈妒，过洁世同嫌。"由此可见，朋友不怕你有缺点，就怕你没有缺点。有人说金无足赤人无完人，这个说法是非常有道理的，虽然人无完人说得太绝对了，因为我们不能排除在古代确实有极少数完人，譬如老子、孔子、庄子这样的圣人，或者一些道行高深的隐士。当然，完人也是无法被世俗接受的，所以高人隐士常常躲在深山之中。

有一个内向的姑娘叫林兰，读高中，她的长相很平凡，既不漂亮也不丑，但她天生多愁善感，喜欢写诗。由于她相貌一般，又不喜欢说话，渐渐地成了班上一棵不起眼的小草。老师的目光停在那些学习成绩好或是长得漂亮的女生身上，当看到很多漂亮的女生被很多人追求时，林兰的心里非常寂寞，也非常自卑。有时她在心里抱怨上天的不公，为什么不给自己一张漂亮的脸蛋呢？为什么不给自己聪明的大脑，让自己每次考试都第一呢？

因为心里装满了自卑，她学习成绩下滑得很快。有一天早上，她开门的时候发现门前有一束娇艳欲滴的玫瑰花，上面写着这么几行字：我一直想对你说，我喜欢你，可是我没有勇气，因为你让我感到自卑，你安静深邃的眼神，优美的诗行，淡雅的气质，让我难以忘怀。所以，我只能暗恋你，偷偷地注视着你。

林兰看完之后，脸色绯红，她万万没有想到居然有男生暗恋自己，难道自己真有这个男生说得那么好吗？林兰拿起玫瑰花，心里充满了幸福和自信。从此以后，她好像变了一个人，性格变得开朗，再也没有心理负担，学习成绩也有了显著的提高。后来，高考的时候，林兰成功地考上了一所重点大学。

她一直有个心愿，想找到那个给她送花的男生，可惜一直没有找到。直到有一天她无意中听到爸妈的对话，一切才真相大白。

只听妈妈说："想不到你当初用的那招还真管用，现在孩子也考上了重点大学，一束玫瑰花居然改变了孩子的人生。"

爸爸说："玫瑰花只起一个引导作用，真正改变人生的还是她自己，那束玫瑰花不过是让她学会欣赏自己。"

这是非常有意思的故事，它告诉我们，要想改变自己首先要欣赏自己，要想欣赏自己就要不断地让自己变得更好。欣赏自己的人才能拥有真正的自信，拥有自信的人才能超越自己，改变命运。

找到自卑，超越自卑

说到自卑，我们先来了解一个故事。

王强是刚毕业的大学生，他找到了一份销售的工作，作为一个业务员，王强是非常努力的，只不过由于性格的原因，他的业绩并不好。大家都知道，搞销售的一定要能说会道，可王强却是一个性格偏内向的人，与客户说话的时候不敢正视客户的眼睛。

王强也知道，在内心深处，自己很不自信，这将会成为自己事业发展路上的障碍。由于成绩不理想，王强屡次受到主管的批评。

王强很想证明自己的实力，最好的办法就是签下一笔大的订单，但是凭借自己的能力，真的可以做到吗?

幸运的是，王强认识一位好朋友，这个朋友在一家大公司工作，这家大公司正好想跟王强的公司合作。于是，这个朋友找到了王强，表示愿意把这个机会给王强。

王强很激动，让主管刮目相看的机会终于到了。为了保证这次合作万无一失，王强将公司的资料准备得非常充分，也想好了如何跟对方沟通，因为对方派的代表是自己的好朋友，所以这方面应该是没有问题的。

头天晚上，朋友打电话过来，告诉王强，老板很重视这次合作，本来老板是让主管和自己过来洽谈，可明天老板决定亲自过来了。王强一听，心里有些紧张了。他本来就不自信，面对一个大老板，他就更加感觉自己渺小。在王强眼中，这个老板可是一个成功人士，自己极少有跟成功人士交往的经验，到时候如果表现很不得体怎么办。

王强虽然答应了朋友，但是心里却在打退堂鼓，他怕跟对方老板谈判的时候自己非常笨拙，到时候生意可能会搞砸。

第二天，朋友见到王强时问道："你怎么了？昨天没有睡好？"

王强老实回答："你说老板要亲自过来，我非常紧张，昨天一晚上没睡好。"

朋友摇了摇头："你这人真是，跟老板见面有什么，还不一样谈生意，我带你去见老板吧！"

等朋友领着王强进入老板办公室时，王强一下子被办公室的豪华程度给镇住了，再看看坐在椅子上的老板，威严无比。顿时，王强双腿发抖，自信心全面崩溃，嘴巴哆嗦着说不出话来。朋友领着王强坐在老板对面的椅子上，王强双腿还在发抖，说话也支支吾吾。

秘书给王强送来一杯茶，喝完茶后，王强的情绪才勉强镇定下来。于是，王强开始介绍自己的公司，这是王强事先准备好的，说起来像背书一样。在介绍的同时，王强不敢正视老板的眼睛。老板听完后，开始问王强几个问题。王强在回答的时候吞吞吐吐，老板怎么听都不明白。老板说："你能不能认真回答我的问题？"

王强一听，吓坏了，他以为这个老板故意为难自己，顿时汗流如注。老板看王强这个样子，摇了摇头。他当然也看出王强的紧张，但紧张也不至于到这个程度，觉得一定是他们的公司实力不行，所以业务员才如此不自信。一个公司用这样的业务员即使不能说明公司实力弱小，至少说明管理不高明，这样的公司不足以成为合作伙伴。

一次很有希望的合作就这样结束了。

从这个故事中我们看到了什么？看到了自卑给人带来的负面影响。自卑确实会影响一个人生活的方方面面，就像一个专门吞噬人心灵能量的魔鬼。自卑越重，意味着一个人前进的路上障碍越多。自卑越少，意味着一个人心态越轻松，前进的路上障碍越少，也就越容易走向成功。这就是为什么人们经常说自信让人更美丽，自信让人更成功。

几乎每个人都或多或少有一些自卑感，区别仅仅是程度的轻重而已。一个人可能天生丽质，你会认为这种人肯定是绝对自信了，其实也不是。天生丽质的人可能家庭不和睦，父母离异，家庭会使他们有自卑感。一个人很聪明，但可能长相不好，这个长相就可能成为他自卑的根源。或者一个人长相很好也很聪明，但他还是可能会自卑，因为他可能家庭出身不好……

没有人是完美的，所以每个人都可能自卑。自卑的确会影响一个人的生活，让人更难达到成功，更难获得幸福感，但这是在自卑过于沉重的前提下。我们始终要记住，这是一个由自卑驱动的世界，很多伟人都是在克服自卑的过程中取得了举世震惊的成就，最典型的莫过于拿破仑。

自卑并不可怕，最可怕的是一个人不敢正视自卑。很多人有这样一种错误的认识，觉得如果自己不去正视内心深处的自卑，那么自卑就会慢慢消失。这是一个非常错误的看法，你不去正视，自卑不但不会消失，反而在心里生根，悄悄生长壮大，最后长出各种各样的脸孔，让你看不清这些面具的下面其实是自卑。

对于自卑的正确态度首先是找到产生自卑的原因，不要害怕看到这个原因，只有与它面对面，你才能克服它。克服自卑的过程也是一个培养强者的过程，一个能战胜自己身上弱点的人是强大的，这种人是真正的英雄。因为一些强者无敌于天下，却不能无敌于自己。

要克服自卑感，你需要明白这样一个道理：我之所以自卑是因为我用不恰当的标准衡量自己。什么叫作不恰当的标准呢？就打一个最简单的比方吧，我们知道社会中盛行的拜金主义思想是错误的，但很多人偏偏只用金钱衡量自己的价值，本身在这个社会生存就不容易，你还非要拿自己跟那些成功人士比，认为自己毫无价值，因而产生了自卑感——这是典型的作茧自缚，自己让自己感到自卑。

一个人能不能成功跟机缘有很大的关系，不成功的人也不代表没有价值。如果你因为自己不成功或是工作不好而觉得自卑，那么你是在自己惩罚自己。自卑之前不妨先考虑这样一个问题：是我自已不够努力，还是其他原因。如果是因为自己不够努力，你不妨自卑一下，自卑之后，再好好努力。如果是因为其他原因，那真的没必要。

克服自卑的最好办法就是对万事万物抱以一颗平常心，能够看到自己的缺点，也能看到自己的长处；能看到别人的好，也能看到别人的不好。时间一长，你心里就会慢慢平静，造物主是公平的，一个人心态平和自然会消除自卑。

自信的魅力

相信大家都发现,最有魅力的往往并不是那些长得最靓丽的人,而是最自信的人。自信的人身上所散发出来的气质是迷人的,能让人感觉到一股蓬勃的力量。

在人生的路上,会有很多坎坷,会有很多冰冷紧闭的大门。如果一个人没有自信的话,很容易就会在挫折面前一蹶不振。自信好比是人心里的一把火,能够烧毁挫折感、失败感、自卑感、失落感、无助感。

没有自信的人的天空是阴霾的。

自信是打开更广阔人生的一把金钥匙,自卑让人故步自封,自信却让人勇往直前。

任何人都可以获得自信这把金钥匙,每天早上起来对自己说:“我很棒,今天又是精彩的一天。”这样不断地给自己自信的心理暗示,自信会慢慢注入你的心中。

自信为什么会让人更有魅力呢?因为自信的人敢于做自己,能够做真实的自己,又能潇洒大方,这样的人当然很有魅力,这种魅力是好的长相换不来的。一个人只有做自己才能做到真实自然,做到真实自然,身上的个性魅力就会显现出来。

自信的人敢于展现真实的自己,不会去模仿别人,即使他或她长得不漂亮,也不会认为这是一种缺陷。自信的人很清楚自己的价值，知道自己是无可替代的，知道自己拥有独特的潜质，知道未来靠自己去打造。正如哲学家爱默生所说：“羡慕就是无知，模仿就是自杀。不论好坏，你必须保持本色。虽然广大的宇宙间充满了好东西，可是除非你耕作一块属于自己的田地，否则绝无好的收成。”

每个人都是独一无二的，既然自然赋予我们独一无二的品质，我们有什么理由要去做别人。勇敢地做自己，这是自信的开始。认识到自己是独一无二的，然后去寻找属于自己的园地。

有个网络词语叫“羡慕嫉妒恨”，这个词语说的就是很多人对那些高富帅和白富美的感情，为什么我就不是高富帅或者白富美呢？这种感情是很正常的，但不是健康的。换个思路想想，为什么我们一定要去羡慕别人呢？难道我们不可以一点一滴地尝试改变自己的命运？

羡慕别人就会活在妄想中，做自己才能知道何谓真实。羡慕别人必然会产生自卑感，做自己才能拥有自信。

相信大家都知道丑小鸭的故事，一只丑小鸭生活在鸭群中，由于它与众不同，鸭子们都奚落它。于是，丑小鸭越来越自卑。丑小鸭为什么自卑啊？因为它不知道自己是谁，换句话说，它还没有找到真实的自我。直到它变成白天鹅的时候，它才明白原来自己是一只跌落在鸭群中的白天鹅。当它振翅飞翔的时候，所有以前奚落过它的鸭子们纷纷发出羡慕的赞叹声。

如果你现在还不自信，那么你要告诉自己：我就是那只生活在鸭群中的丑小鸭，只要我找到了真实的自我，就可以变成白天鹅。

自卑与自信就像人生的两个方向盘，它们会将一个人导向两个完全不同的方向。自卑会让人内心脆弱，心理阴暗；自信让人坚强有力，乐观向上。

一个哲学家说："无论你的内心所怀抱的意念或信仰是什么，它都可以成为真实。因此，切勿在通往无穷智慧的道路上自设障碍，就像阳光通过三棱镜时，会分成多道光束一样，当自信化作无穷智慧通过你的内心时，也会绽放出不同的光芒。"

很多时候，不是别人在给我们设置障碍，而是我们自己在给自己设置障碍。当你心里充满自信时，曾经的障碍就会变成光明大路。

一般认为，人的潜能是无限的，即使是最成功的人，他们的潜能也只开发出了一小部分。大多数人的潜能都在酣睡，连他们自己都不知道，甚至一辈子也不知道自己究竟有什么能力。这就是为什么发现自我是如此重要。乔布斯如果不是在电脑行业找到了自己的热爱，他能取得这么大的成就吗？恐怕不能。应该说，如果一个人想取得成功、成为他所羡慕的成功人士，要做的不是去模仿自己的偶像，而是回转自身，认识自我，问自己：我的天赋究竟在什么地方，我到底应该干什么？

如果你发现了自我的话，那么你就会很快地进入自信的状态，朝着自己感兴趣的方向勇往直前。乔布斯是一个非常成功的人，但是他并没有教导别人去追求成功，而是意味深长地告诉大家：Follow Your Heart（跟随你的内心）。

每一个人的心灵深处都有一个巨大的宝藏，关键是你能不能发现它。发现了它，你的心灵会产生神奇的变化，让你从平庸变得自信，感觉浑身充满了能量，感觉自己一定可以取得成功。然后你会坚持不懈地朝着正确的方向前进，获得意想不到的成功。

这就是自信的魅力，它是人们通往成功的一把钥匙。

成为你自己

乔布斯说："你要有勇气去听从你的直觉和心灵的指示，它们在某种程度上知道你想要成为什么样子，所以其他的事情都是次要的。"

乔布斯的这句话看似平淡，事实上有着振聋发聩的力量，他告诉我们，千万不要痴迷于外在的东西，对一个人来说最重要的不是财富、名望、美色和房子、车子，而是心灵的召唤。忽视了心灵的召唤，等于忘记了自己，远离了自己。

我们先来看一个真实的故事吧！

在美国西部的一个穷乡僻壤里，有一个少年在十五岁时写下了一生的宏愿："要到尼罗河、亚马孙河和刚果河探险；要登上珠穆朗玛峰、乞力马扎罗山和麦金利峰；驾驭大象、骆驼、鸵鸟和野马；探访马可·波罗和亚历山大一世走过的道路；主演一部《人猿泰山》那样的电影；驾驶飞行器起飞降落；读完莎士比亚、柏拉图、亚里士多德的著作；谱一部乐曲；写一本书；拥有一项发明专利；给特殊的孩子筹集一百万美元的捐款……"

看到这些宏愿我们是不是傻眼了，我们是不是觉得这个穷少年太疯狂了，这个少年一下子列出了127项宏愿。很多人不敢幻想，别说127个宏愿，单说登上珠穆朗玛峰一个宏愿，很多人就觉得太不现实了。但这个少年却实现了其中的110个宏愿，他就是著名的探险家约翰·戈达德。

很多人对约翰·戈达德的经历感到好奇，他们问他："你是如何让这些在别人眼里看来不可能的东西变成现实的呢？"

戈达德微微一笑："其实非常简单，我只不过是让自己的心灵先到达那个地方，然后，我的全身就有一股神奇的力量，接下来，只需跟着心灵的召唤往前走就行了。"

戈达德用自己的经历向我们证明，千万不要忽视我们的心灵，它是一切神奇力量的来源。

一个人要想成为自己就必须发现自己的心灵，然后就能听从心灵的召唤，在直觉的路上通往自己的目的地。做自己的人是快乐的，也是年轻的，这样的人在心态上永远不会衰老，所以他们身上自始至终洋溢着创造力，就像乔布斯，他的一生从来就不缺乏创造力。

改变生活，改变未来，从成为自己开始。

自信——只要一根柱子

三百多年前，一个名叫克里斯托·莱伊恩的名不见经传的设计师参加了英国温泽市政府大厅的设计工作。他用自己所学的工程力学知识，巧妙地设计了一个方案：只用一根柱子就能够支撑天花板。

一年之后，市政府的一些权威人士在进行工程验收的时候，指出只用一根柱子支撑天花板实在太过危险，他们要求莱伊恩再增添几根柱子。莱伊恩坚持认为这一根柱子足以保证市政府大厅的安全，这些“权威人士”非常愤怒，威胁说如果莱伊恩不照办的话，就把他送上法庭。

没办法，莱伊恩只好在大厅里做了四根柱子。

三百多年的时间过去了，市政官员换了一批又一批，政府大厅却坚固如初。直到20世纪后期，市政府在修缮大厅的天花板时，人们才吃惊地发现，支撑天花板的四根柱子是虚柱，并没有跟天花板接触，只不过是摆设而已。

消息一出，大家惊呆了。世界各国的建筑师慕名前来，纷纷研究，建筑师还把这座大厅称为“嘲笑无知的建筑”。这些建筑师们来了之后，还发现了一个小秘密。在中央圆柱顶端刻着一行字：自信和真理只需要一根柱子。很显然，这行字是当年莱伊恩留下的，建筑师们看到这行字时非常感慨。

后来，建筑师们研究莱伊恩的资料，发现他曾经讲过一句话：我很自信，自信至少在一百年之后，当你们面对这根柱子时，只能哑口无言，甚至瞠目结舌，你们看到的不是什么奇迹，而是我对自信心的一点坚持。

真正自信的人敢于在所有人都反对的情况下还坚持自己的思想和立场。真正自信的人也绝不盲从潮流，莱伊恩就是这样的人。这个真实的故事有很大的启发意义，它告诉人们，真正的自信并不需要太多的东西作为支撑。不像现代的人们，要房子、要车、要有地位、要有好工作、要吃好穿好才能有自信。

笔者曾经遇到过这样一个人，他说他之所以买名牌衣服就是因为只有穿名牌衣服的时候他才感觉自信。靠名牌衣服支撑起来的自信显然是一种虚假的自信。

自信是可以训练出来的，但是我们在训练自信心的时候千万不要利用这些外物。训练自信从修心磨性开始，让自己不断超越自己，发现了自己的缺点，立即改正，坚持不懈地改正，直到自己对自己满意。

更重要的是，当一个人不断地让自己变得更优秀、更出色的时候，这样一个过程会催生自信，而且这样的自信才是牢固的。真正的自信来自自身的优秀与才干。

人的自信如同一根柱子，支撑着我们的灵魂，让我们的精神大厦不会崩溃坍塌。柱子越坚固，我们的精神世界就越稳固。

第四章

心灵也需要减肥

要让自己快乐，要让心灵经常通风，我们必须减少欲望。生活中无处不是诱惑，要学会对诱惑说不，这些诱惑不一定是指男女的情感或是金钱的诱惑，还包括个人的爱好以及渴望成为最受欢迎的人。要知道，当一个人被外在的东西诱惑时，他就处于不自由的状态，诱惑的东西常常是得不到的，得不到又要强求，难免心里不愉快。

不要让你的心里塞满垃圾

现在是一个信息爆炸的时代，人与人之间的交往越来越方便，我们获取信息的渠道也越来越多。这既是好事，也是坏事。为什么这么说呢？信息越是发达，上网越是便捷，就意味着不光好的信息传播得快，坏的信息传播得也快。

如果你不善于甄别和清空那些垃圾信息的话，那么你的心里很可能就会装下太多对你无用甚至有害的垃圾信息。

就好像我们要定时清理电脑上的垃圾一样，我们也需要定时地清空我们心里面的垃圾。就好像你的很多物品其实只是摆设一样，很多的知识和信息也是摆设。物品占据的是物理的空间，知识和信息占据的是你的心理空间。中国的哲学家老子早在几千年前就告诉人们了：多闻数穷——知道得越多反而越困惑。所以老子主张人们回归自然，过一种无知无欲的淳朴生活。这种生活可能过于理想化了，但是这种生活态度确实可以治愈很多“现代”病。

贪多嚼不烂，心里装的事情太多，难免会发酵发霉，要让心灵干燥通风，就得经常打开心灵的窗户，将心里的垃圾清除。

不光是老子强调简单的生活，古希腊的哲学家也告诉人们：“一个人的幸福感应该来自尽可能减少对外物的依赖。”古罗马哲学家塞涅卡也说：“如果你一直觉得不满，那么即使你拥有了整个世界，也会觉得不满。即使我们拥有整个世界，我们一天也只能吃三餐，一次也只能睡一张床。”

古今中外的哲人都在告诉我们同一个道理：幸福的生活在于简单。简单的最高境界是心灵的简单，心灵的简单并非头脑简单，而是旷达，没有过多的欲望，做到心灵如风，来去自如。很多头脑简单的人反而欲望很多，真正心灵简单的人智慧明达，内心澄净。

欲望积累得多了，会让心灵蒙上厚厚的一层灰尘，让人觉得无法透气。

很久以前，有一个国王，为了感谢侍奉他几十年的一个忠心耿耿的仆人，对他说：“你尽管向前跑，只要在日落之前绕一圈回来，圈到的土地都归你。”

仆人听了，欣喜若狂，像个疯子一样拼命地往前跑。结果太阳还没有落山，他就累倒在地上死掉了。国王非常悲伤，将他埋葬，但也告诉身边的大臣：“这就是贪心的结果，贪心的人最后一无所有，反而会送掉自己的性命，他想得到更多的土地，最后得到的不过七尺黄土的葬身之地。”

过多的欲望是有害的，这一点大家都知道。而过分追求知识其实也是有害的，但这一点很多人不相信，因为从小我们就习惯于这样的教育：真理好比珠穆朗玛峰山顶，要不断地求索，获取更多知识，而且知识越多越好。其实，老子和庄子很早就指出过分追求知识的危害，庄子说："吾生也有涯，而知也无涯，以有涯随无涯，殆已！"

我们不要以为只有中国古代有一些哲人反对过分追求知识，古希腊一些哲人们也不主张无限度追求知识，柏拉图说一切知识其实就在我们心里，获取知识的过程其实就是一个回忆的过程。佛教更是主张在静观中感悟这个宇宙，佛祖认为获取外部知识不是掌握真理的有效方法，而观心自悟才是通达真理的根本途径。

疯狂地吸收外部知识或外部资讯也是有害的，因为人的心灵空间有限，装得太满，难免会让心灵窒息。古人说虚怀若谷是人生的一种很高的境界，如果一个人心里满满的全是琐事垃圾，是不可能做到虚怀若谷的。

轻舟可过万重山

作为一个人，我们应该感到荣幸，因为生命来之不易。既然生命来之不易，我们更应该珍惜人生，让人生过得更精彩。

想让生活过得精彩，我们首先要让自己的心灵变成一个过滤器，把一些不好的、无用的东西都过滤掉。如果说生命是一叶轻舟，那么装载过重的话，肯定会影响轻舟前行的速度。

电脑用的时间长了，都会产生垃圾，影响运行速度，何况人呢！其实道理是一样的，生活必然会在我们身体和心里留下垃圾。垃圾乍一看并不可怕，但积累多了，就会对我们的生命形成障碍，影响我们思维的敏捷和心灵的健康。

心灵就像一个容器，我们应该选择让那些美好的东西留在我们的心底，对于那些琐碎的、无用的和一些不良的情绪，我们应该果断地净化。心事越少的人活得越快乐，心事越多的人思想包袱越重。心情愉快的人工作积极、效率高；心事重重的人本身包袱就重，做起事情来更是缓慢。如果你感觉最近心事特别多，那么是时候给自己的心灵来一次大扫除了。清洁心灵跟洗澡是同一个道理，只不过一个是针对心灵，一个是针对身体。

从前有一个年轻人，他非常聪明，也非常好学，他最大的理想就是成为世上最有学问的人。很多年过去了，虽然他的学问很渊博，但是他发现自己还没有找到真理，而且自己也感觉不到快乐。

于是，他来到一座深山古寺之中，见到了一位高僧。他将自己的苦恼告诉了高僧，高僧微笑道：“我们一起去爬山吧！”

山脚下有许多漂亮的大理石，这个年轻人很喜欢大理石，高僧对他说：“你看到了自己喜欢的大理石就装进袋子里吧，不必客气。”

还没走到半山腰，年轻人的袋子就装满了，累得气喘吁吁，喘着粗气说：“大师，我不能再背石头了，再背就走不动了。”

高僧哈哈大笑：“你这么喜欢大理石，所以就越背越多，背到最后连自己都走不动。其实你对知识的追求也是这样啊，你喜欢知识，所以就不断地获取知识，最后知识多到心里都装不下，你的思想和身体都变得沉重，当然感觉不到快乐。”

年轻人问：“那我应该怎么办呢？”

高僧：“该放下的就放下，你把大理石都扔掉，看感觉如何。”

年轻人把大理石一扔，感觉特别轻松，忽然之间，他悟出了一个道理：知识和学问与智慧是两码事，知识的本质是获取，知道得越多越好，智慧的本质是放下，心灵越空明越好。有知识的人只能说见闻多，有智慧的人却是境界高。

从此以后，这个青年不再去刻意追求更多的知识，相反他安然自处，反而获得了比以前更多的快乐。

丢掉不必要的东西，甩掉不必要的情绪，扔掉不必要的行囊，只有这样，我们才能感受到李白诗句中“两岸猿声啼不住，轻舟已过万重山”的境界。

不要活在他人的眼光里

一个人如果总是活在别人的眼光里，他肯定是不自由的。一个人如果经常在意别人的眼光，他的心里一定是不清静的，因为他时时刻刻在想，别人会怎么看我。

每一个人都是独特的，每个人来到这个世上都是很不容易的，既然来这世上一遭，就应该活出质量活出精彩。所以我们要为自己而活，不要为别人而活。

一个在乎别人眼光的人，会逐渐失去自我。因为时常在乎别人的眼光，他的自我必然处于动荡之中，别人的眼光总在变，他的自我也漂泊不停。如此一来，就会产生各种各样的负面情绪，他交往的人越多，产生的负面情绪就越多。因为每一个人都可能会给他造成情绪上的消极反应，他太在乎别人的眼光了。

我们应该在乎别人的感受，但是不要在乎别人的眼光。在乎别人的感受是一种善意和体贴，在乎别人的眼光是一种脆弱和无能。

当然，要想完全不在乎别人的眼光是非常困难的，只有极少数人才能做到，而这些人往往就是我们常说的超凡入圣之人，他们的境界不是我们轻易能够达到的。所以，我们只能尽量地减少对别人眼光的在乎。

我们不能太在乎别人的眼光，因为普通人的眼光总是短浅的，看到的只是眼前的利益。战国时期苏秦的嫂子，在苏秦没有发达之前，对苏秦非常傲慢，经常骂苏秦吃白饭没出息。后来，苏秦当上了六国的丞相，嫂子摇身一变，对苏秦极尽奉承巴结之能事。人性就是这样的，我们不必去苛求，这就是为什么我们不能在乎别人的眼光。如果苏秦当年过于在乎嫂子的眼光，他必然会受到影响，恐怕也难以成为后来的纵横家。

真正内心强大的人，不会在乎他人的眼光，庄子所谓的“至人”境界正是如此。什么叫作“至人”呢？天下人都夸奖他，他都不为所动，没有欢喜之情；天下人都骂他，他一点反应都没有，完全不把别人的骂声当回事儿。

如果一个人常常需要别人赞美，这说明他内心某个地方还非常脆弱，是活在别人的眼光里的人。活在别人的眼光里的人没有自我，可怜又可悲，因为他们处处要把自己打扮成别人期望的样子。这样的人，他们的人生不够真实，而且还必须不断地演戏。

有不少孩子的命运就是这样的，父母十分疼爱他们，非常希望他们成为什么样的人，很小的时候就让他们学这个学那个，总是对孩子们说：“将来你长大了，一定要怎么怎么样，我们对你抱着殷切的希望。”

结果呢，在孩子成长的过程中，他们为了迎合父母的期望，没能努力去找到自己，总是在表演，表演一出给别人看的戏。慢慢地，他们的个性消失了，长大后既没有成为父母所期望的人，也没有发现自己的特长。到最后，父母还骂他们：“这孩子就是不听话，如果听话的话，怎么会变成现在这个样子呢？”

活在别人眼光中的人不会快乐，因为不快乐，所以他们心里会积累大量的不良情绪，而且最终也迷失了自我。

给心灵一个通风口

有时候我们的心灵也像一座房屋，时时关闭着门窗，里面空气就会不流畅。为了让心灵呼吸到新鲜的空气，我们必须给心灵留下一个通风口。

随着人们工作和生活的压力越来越大，心灵承受的负担也越来越多，负面情绪积累到一定程度就会形成心理疾病。所以，从现在开始，我们就要注意给心灵留下空间，让情绪有一个通风口。特别是都市里的上班族，压力实在是太大了，而且由于整天对着电脑，身体得不到有效的锻炼，情绪更是不容易疏导。

其实有很多方式可以帮助人们疏导情绪，运动就是一种非常好的方式。很多上班的人每天都会有烦躁的时候，烦躁的时候有的人喝酒，有的人抽烟，有的人泡吧，有的人打游戏……其实化解烦躁的最好方法还是锻炼。找一个自己喜欢的运动方式，每天锻炼半个小时到一个小时，不愉快的情绪很快就会消失。

我们要知道，坏情绪就像身体的毒素，如果不能及时排除的话，会在心里留下阴影。很多女人心情不好的时候会选择购物，购物确实也是排遣郁闷的一种方法，但在购物时最好有所克制，否则很容易造成浪费，因为人在心情不好时买的东西大多是不必要的。

旅游也是缓解情绪的一个很好的方法，总之，当心情变坏的时候，千万别一个劲儿地憋着，很容易憋出病的。最好就是能找到让自己轻松快乐的东西，给心灵一个通风口。

要让自己快乐，要让心灵经常通风，我们必须减少欲望。生活中无处不是诱惑，要学会对诱惑说不，这些诱惑不一定是指男女的情感或是金钱的诱惑，还包括个人的爱好以及渴望成为最受欢迎的人。要知道，当一个人被外在的东西诱惑时，他就处于不自由的状态，诱惑的东西常常是得不到的，得不到又要强求，难免心里不愉快。

学会对诱惑说不，面对诱惑能够保持平常心，如果能做到这两点，心灵就能畅通自由。

心灵旷达——人生如同一场修炼

在很多人眼里，修炼似乎是非常遥远的事情。说到修炼，人们通常会想起古时候的道士或和尚。其实，每一个人活在这个世界上都需要修炼。

尘世中充满着各种各样的欲望，而欲望会蒙蔽人的心灵，所以要通过修炼的方式抹去心灵上厚厚的尘埃，让心灵像明镜一样闪烁着光芒。

自从达摩东渡来到中国，他开创并逐步形成的禅宗深深地影响了中国文化。很多人可能觉得禅宗过于神秘，其实禅宗并不神秘，法门只有四个字：见心明性。如何做到见心明性，第一步就是要抹去欲望。欲望就像是人心灵的乌云，会遮盖人的本性，所以修行禅宗的人首先要做的就是清心寡欲。

现代文明扭曲了人的本性，以至于让很多人把人生视为一个不断追逐利益的过程，大家都觉得修炼是一种不切实际的神话。真的是这样吗？其实，修炼无处不在，也必不可少，只是有时候我们是在无意识的修炼，所以我们不知道。

比如，我们发现，很多人在遇到烦心事的时候，都本能地想静一静，其实这就是一种无意识的修炼。这种修炼是被动的，是在遇到问题后才想到的。还有的人，维持一种良好的生活习惯，坚持良好的道德情操——这本身也是一种修炼。

修炼真的无处不在，平常人的修炼就像星火一样，能量微小又转瞬即逝，而那些专门修行的人的修炼如同灯火，至于得道的人，他们修炼后如同日月，如孔子、老子、佛祖、耶稣等。

《菜根谭 · 闲适》写道："迷则乐境成苦海，如水凝为冰；悟则苦海为乐境，犹冰涣作水。可见苦乐无二境，迷悟非两心，只在一转念间耳。"

修行者为什么都讲究无欲？因为有欲望，就会心念动摇，就会去贪求，就会有痛苦。欲望一产生，闲适的心情就消失了。人之所以痛苦，在于追求错误的东西。

禅宗的一些智慧是发人深省的。比如，你不给自己烦恼，别人也永远不可能给你烦恼，因为心是你自己的，它完全由你自己掌控。是啊，如果一个人能放下烦恼，别人怎么可能给你烦恼。有烦恼是因为放不下，心里有七情六欲、情仇爱恨、是非对错。

有一个故事，说的是有一个人去赶集，买了一口锅，结果绳子断了，锅掉在地上，哐当一声砸碎了。他连看都不看一眼，直接走了。旁人很不解，问他："你的锅碎了，你干吗看都不看一眼？"

他说："破都已经破了，看又有什么用？"

这就是一个有智慧的人，他知道坏结果一旦出现，就应该忘掉，不要给自己徒增烦恼。

还有一个故事，古时候有一个诗人，他的独生子死了，他却一点都不悲伤，仍然每天饮酒赋诗。邻居很不理解，问他："你最宝贵的儿子死了，你永远都见不到他，难道你一点都不悲伤吗？”

诗人回道：“我本来就没有儿子，后来生了个儿子，现在儿子死了，不正像我没有儿子时那样吗？我又有什么可悲伤的呢？”

这两个故事告诉人们的都是超然的智慧，有超然的智慧才能看破世情，心境达到自在的境界，不再为春去秋来风云变幻而动情伤感。

六祖慧能说：烦恼即菩提。也就是说当你烦恼的时候，正是开悟的好时机，只要能够放下，烦恼就能变成菩提，菩提是智慧和觉悟的意思。

人生如同一场修炼，修炼的是什么？修炼的其实就是我们那一颗平常心。

第五章

参透个人习气背后的人格类型

性格的本质其实就是习气。习气是怎么养成的？习气的养成最开始都是出于保护自我的生存需要，这就决定了习气的局限性，因为习气都是针对某一个环境而形成的一种自我保护的方式，但是换一个环境，这个习气可能对我们就是有害的，不过习气一旦养成，我们就很难根除它了。人类在漫长的进化过程中养成了许多习气，这些习气当时都是为了适应环境的需要而产生的，后来环境虽然发生了变化，但习气留了下来，形成了我们的性格。

性格到底是个什么东西

我们都听说过这句名言：性格决定命运。

心理学家对于性格的分析很详细，但是未必彻底。一个人的性格既有天生的成分在里面，又包含后天养成的一些习惯，说性格决定命运有一定道理，因为我们的选择很大程度上是由性格决定的，但这个道理也不完全对。除了性格决定命运之外，一个人的价值观也会影响他的命运，同样一种性格，如果是在不同的价值观指引下会作出不同的选择。

我们在谈到性格的本质之前，先来看看性格对于我们人类到底有何作用？

性格就像是我们心理的一道屏障，它的作用就是保护我们，为我们过滤掉一些东西，留下一些我们所需要的东西。人与世界打交道，如果光靠大脑来控制的话，根本不可能完成，这样会超载，大脑会爆掉。所以，大脑的任务是处理一些相对重要的事情，很多时候我们的性格就代替大脑工作，性格会对外界的东西作出一种无意识的反应。这样一来，大脑就轻松多了。

性格虽然是一种自我保护的系统，但很多时候它也会伤害到我们，为什么会出现这种情况呢？

要回答这个问题，我们必须要了解性格的本质，性格的本质其实就是习气。习气是怎么养成的？习气的养成最开始都是出于保护自我的生存需要，这就决定了习气的局限性，因为习气都是针对某一个环境而形成的一种自我保护的方式，但是换一个环境，这个习气可能就对我们是有害的，不过习气一旦养成，我们就很难根除它了。人类在漫长的进化过程中养成了许多习气，这些习气当时都是为了适应环境的需要而产生的，后来环境虽然发生了变化，但习气留了下来，形成了我们的性格。

有一句非常有道理的话："积行成习，积习成性，积性成命。"即一个人的行为慢慢就会变成习惯，习惯养成之后慢慢地就形成了一个人的本性，本性一旦形成稳定状态就影响着人的命运。

正所谓"江山易改，本性难移"，说的就是习气很难被改变的特征。

自卑型人物对自我的克服与超越

在日常生活中，我们会碰到各种各样的人，由此我们觉得人格种类真是丰富多彩。但其实可以将人大体分为六种类型：自卑型、占有型、攻击型、表演型、炫耀型和温和型。

自卑之人不必为自己的自卑感到自卑，因为人本身就是一种自卑的生物，无一例外。人是如此不完美，又是如此地渺小和脆弱，面对大自然，人简直就是一种非常弱小的生物，所以自卑是人与生俱来的一种东西。

从某种意义上说，我们的世界是由自卑驱动的，拿破仑就是最典型的自卑型人物。他所做的一切和所取得的巨大的成功，都是为了克服内心深处的自卑。

自卑是不分贫富美丑的，很多时候我们看不到一个人自卑，不代表这个人不自卑，只不过自卑被压抑起来。一个有钱人在一个穷人面前固然可以表现得非常自傲，但是在一个比他更有钱或是更有权势的人面前，他的自卑立即就会被激活。

自卑型的人格在生活中并不罕见，自卑的人在生活中有两种相反的表现，第一种是胆怯，很容易脸红，说话不敢抬头，不敢正视别人的眼睛。第二种是非常狂热，情绪反应特别剧烈。自卑型的人与人交往时非常担心别人会瞧不起自己，所以他们常常会因为别人一句无心的话而怀恨在心。

我们都知道，人从来不是由某种单一的性格组成，更多的是具有多重性格和复合性格。一个自卑型的人同样可以是一个占有型的人。占有型的人是物质欲望非常强烈的人，同时也是大俗人，也就是说只有看得见的利益才能打动他们的心。占有型的人绝不相信这个世界还有超越于利益之外的东西。

自卑型加占有型的人有个特点：非常渴望占有那些社会稀缺的资源，但是又不敢去占有，不得不屈从于社会秩序。

自卑型的人为了让自己心里舒服一些就要不断地克服自卑，而占有型的人为了让自己的心里得到满足也要不断地占有。

如果一个人自卑又拥有某种理想，那么这个人或者成为一个思想家，或者成为一个毁灭者，又或者成为一个造梦者。因自卑和理想而成就非凡的人在历史上不胜枚举，典型的例子如德国哲学家叔本华、尼采和奥地利心理学家弗洛伊德。因自卑和理想混合发酵成为毁灭者的典型是希特勒，希特勒是一个战争狂，他所做的一切就是为了实现自己设计好的“世界蓝图”。

那么，希特勒和叔本华、尼采、弗洛伊德这些人的区别在哪里呢？区别就在于希特勒克服自卑的方式是毁掉让他自卑的东西，而思想家们克服自卑的方式是通过自己的思考，通过把握客观的真理克服自卑。

一个自卑型的人如果对命运采取了一种驯服的姿态，那么这个人就会变成一个平庸者。其实，变成一个平庸者是自卑型的人无可奈何的选择。一个自卑型的人首先一定想反抗命运：一种是通过各种手段最终摧毁让他自卑的东西。另一种是通过自己的思想能力，超越自卑，达到高层次的内在平衡。如果一个自卑型的人这两者都做不到，那么就只好对命运表示屈服了，成为一个平庸者。

这种平庸者在内心深处未必甘心。他没有机会去改变自己的命运，不代表他不想，只要机会出现，他就会蠢蠢欲动。他们活在欲望之中，同时清醒地认识到自己的无能。他们知道，通过非常手段克服自卑几乎是不可能的事。

所以看似老实的自卑型的人同样可能变得狂暴，因为自卑本身会积蓄很多负面的能量，这些负面的能量急需发泄。

占有型人物的悲哀

我们必须得承认，占有型的人都是非常精明的人。巴尔扎克描述的葛朗台就是典型的占有型的人，对于占有型的人来说，生命的意义就在于拼命地占有，其实占有跟享受是两回事。占有型的人懂得占有，却不懂得享受，所以占有型的人大多像葛朗台那样在巨大的财富中死去。

在占有型人的眼里，一切都是物化的。比如说娶老婆，在他们眼里，娶的不是老婆，而是占有一个东西。占有型的人在占有的过程中会产生快感，占有型的人对精神世界关注得非常少。如石油大王洛克菲勒在不断获得财富的过程中，还是出现了心理问题，最后不得不通过做慈善才解决这一问题。

很多占有型的人都是精明、成功的商人，他们善于精打细算，能够迅速地把世界上的一切简化为对自己有利的和不利的事物。也就是说，他们的价值观就是算盘。现在很多人都推崇这种占有型的人，但其实这些人并不知道生活的真谛。占有型的人很多是物质上的巨人，精神上的侏儒。

占有型的人在生活中和历史上都随处可见，历史上那些帝王大多都是占有型的人。对于占有型的人，人生只有占有才是有意义的，就好比成吉思汗，他是一个典型的占有型人物。其实，当时他占有的地盘已经完全超出了实际的需要，可是成吉思汗还要不断地征服。再好比一个人拼命地吃东西，这也是一种占有，他认为不断地吃东西就能感到满足。殊不知，占有欲望强的人最后都是败在自己的欲望中。

我们眼中的成功人士有不少是占有型的人，或者至少在他们的性格中具有占有型的性格特征。所以，如果我们说占有型性格完全是坏的性格，那也不完全准确。但我们还是提倡一种有节制的占有，占有型人的悲哀在于人不可能真正占有一种东西，最后所有的人都会死去，你生前占有再多的东西死后也不可能带进坟墓里。所以，我们认为，一旦成为成功人士，就应该尽量多地关注自己的精神世界，或多做一些善事。

对占有型的人来说，尤其是已经非常成功的占有型的人——那些拥有高度精神境界和追求的人是一种威胁，因为这些人的存在会否定他们的价值，会让他们觉得自己辛辛苦苦得来的一切一文不值。所以，中国历史上那些占有欲特别强的帝王最仇视的人不是像和珅这样的贪官，而是那些洁身自好的清高的士大夫，曹操杀崔琰，朱元璋杀刘伯温，都有一定的这种情绪在里面。

每一个人都有内心的灵魂，一个人在做坏事或不合理的事情时，灵魂就会谴责自己，这就是人们所说的良心的谴责。很多人为了逃避这种良心的谴责，就必须自欺欺人地说服自己这么做是对的，为了证明自己是对的，他们就必须重复地做下去。占有型的人也有这种情绪，但他们必须要说服自己，占有是对的，因此必须更加疯狂地占有，证明自己是对的，然后再利用通过占有获得的财富去炫耀、去挥霍，赢得世人的仰慕，从而能够更加有力地说服自己——占有欲望没错。

这个世界存在着一些常人达不到的精神高度，少数的人会坚持追求真善美的存在。但占有型的人不相信这真的存在，为了说服自己，他们总是创造一些“欲望理论”去证明占有就是对的。例如，笃信贪婪让人进步、没有欲望就没有文明，等等。

其实，占有型的人并没有什么特别的地方，只不过是贪婪这颗种子在他们心里生长得比一般人更大而已。现在很多人也会在某种程度上倾向于肯定贪婪的价值，认为贪婪推动了世界、推动了经济、推动了物质文明的发展。但我们不应该怀疑，对于我们的精神世界，贪婪确实是一颗肿瘤。当贪婪与占有欲彻底将一个人改造时，人就会变成畸形的怪物。

攻击型人物的快乐在于让别人痛苦

这个世界不乏攻击型的人，很多人会产生一种错觉，误认为具备攻击性的人就是强者。其实恰恰相反，攻击型的人多半都是成事不足败事有余。在历史上，真正成就大事的更多是自卑型、占有型和表演型的人。

自卑型的人，譬如拿破仑、华盛顿、叔本华、弗洛伊德、朱元璋，他们都是创立过非凡事业的伟人。占有型的人，如成吉思汗、洛克菲勒、J.P. 摩根，虽然有的名声不好，但都做出了常人难以想象的大事。表演型的人，如项羽、屋大维、苏格拉底，这些人有的名声也不好，但不是英雄也是枭雄，都是成大事的人。

我们再来看看攻击型的人，攻击型的人在生活中非常常见，但是要找出一个名人的例子很难，因为攻击型的人极少有成大器的。那种经常喜欢挑衅别人，经常喜欢欺负弱小，经常喜欢暗算别人，经常喜欢斗来斗去的人就是攻击型的人。攻击型的人有一个特点：不攻击别人他就觉得不舒服。

在罗马帝国后期出现过不少攻击型的暴君，这些人都有一个特点：要不断地杀戮才能感觉舒服。攻击型性格未必是天生的，也可以是后天培养的。

很多时候，攻击型人格是建立在自卑型人格之上的，任何性格都不是固定不变的。我们只要记住，性格是由习气转化而来，习气是由人不断重复的行为养成的，改变行为就意味着改变性格。

攻击型的人以破坏为宗旨，所以他们绝对见不得别人的好，也因为这个缘故，他们是一群心理上的破坏者，所以无法做成大事。能够做成大事的人必须要建设，而不是破坏。

用我们的口头语说，攻击型的人是没有出息的人，他们沉浸在一个渺小的世界里，在这个世界里，他们的快感就在于破坏和攻击他人。判别攻击型的人很容易，你可以根据他们的行为和话语，也可以根据他们的情绪，还可以根据他们的眼神来判别。攻击型的人眼神里会时时闪现出仇恨和敌意的光芒，这种仇恨和敌意的光芒往往是莫名的，是植根于他们灵魂深处的，并非因为某人是他们的敌人，他们才露出这种眼神。

你无法与攻击型的人做真正的沟通，除非你能让他改变对于这个世界的仇恨目光。对于攻击型的人来说，世界根本不必去理解，世界就是他仇恨的目标，所以要不断地攻击和破坏。

攻击型人的仇恨是怎么产生的？根据心理学的解释，这种仇恨可能是在成长过程中积累的，也有可能是遗传导致。

周星驰的电影《济公》中，那个九世恶人就是一个攻击型的人，对于这个九世恶人来说，攻击与破坏简直是一种与生俱来的本能。由于攻击型的人格很难被社会的一般价值规则接受，攻击型人格就会产生转化，最容易转化为占有型人格，这种转化可以淡化攻击型的特征，从而更容易被社会接受。

同样是占有的欲望，不同性格的人对于占有物会有完全不同的反应。

占有型的人获得财富、权力和美色之后，心里充满了成功感，同时极力鼓吹自己的价值观，向世人宣传贪婪、欲望的价值。占有型的人在占有自己想要的东西后之所以要极力鼓吹这些东西，就是为了强调自己的正确性，强调自己能力很强，赢得世人的赞同，同时巧妙地回避了灵魂的声音。

自卑型的人一旦占有金钱、权力和美色之后，他会表现得非常疯狂，因为他终于可以告别过去那个自卑的自我，成为一个成功者了。所以，自卑型的人成功之后最快乐的事情就是让那些鄙视自己的人明白：你们看走眼了，你们无知，我才是真正强大的人。这方面典型的如韩信，韩信衣锦还乡后，找到了那个羞辱自己的屠夫，韩信高明的地方就在于他没有以其人之道还治其人之身，如果他也像那个屠夫当年羞辱自己一样羞辱屠夫，固然可以收获报复的快感，但这么做就显得自己跟屠夫一样。所以，韩信不但没有羞辱他，反而给他一个官做。韩信的目的已经达到了，让曾经瞧不起自己的人对自己顶礼膜拜，心理上的满足不言而喻。

攻击型的人一旦占有金钱、权力和美色之后，心理反应跟自卑型和占有型的人完全不一样，因为攻击型的人就其本质来说是一个虐待狂，一旦他获得了占有物，就开始了支配与虐待之旅。攻击型的人似乎有一种本能，不断地破坏和摧毁他所掌控的世界。

表演型人物对虚荣有种强烈的依赖

表演型的人生来就是演员，就算长大后他们进入其他行业，他们的本质也是不折不扣的演员。他们离不开观众的目光，他们需要吸引别人的注意，他们要成为舞台上的主角。

表演型的人有演戏的天赋，这不代表所有的演员都是典型的表演型的人，有一些人虽然是演员，但却不是表演型的人，比如有的可能是自卑型的人物，自卑型的人中比较容易产生有思想的人，很多的修行者也是自卑型的人物出身。

判断一个人是否是表演型的标准并不复杂，就看他对虚荣有多依赖，如果一个人并不在乎虚荣，那么即使是演员，他也不是表演型人物。

表演型的人最耐不住寂寞，那种能够耐得住寂寞的人都不是表演型的人，所以表演型的人中很难出大思想家，更容易出艺术家。不过，苏格拉底可能是个例外。从柏拉图的记述中，我们可以感觉到苏格拉底其实有很强的表演欲，总想让大家的目光都集中在自己的身上，当出现了一个与自己匹敌的智者，甚至比自己修养更高的智者时，苏格拉底会感觉到嫉妒和不安。

很多优秀的政治家也是表演型的人，如周文王、周公、刘邦、李世民，等等。表演型性格的人心理素质一般很好，或者也可以说“脸皮厚”。当然，这种厚不是厚颜无耻，而是一种很强的心理防卫能力。表演型的人敢于表现自我，首先要有一个强大的心理结构，在这个心理结构中，世界和人生都变成了舞台。

表演型的人和自卑型的人身上都藏着巨大的能量。占有型的人虽然也在创造奇迹，但如果没有自卑型和表演型的人创造出游戏规则和价值规则，占有型的人也将英雄无用武之地。表演型的人和自卑型的人可以成为伟大的创造者，也能成为可怕的毁灭者。

项羽火烧阿房宫，坑杀二十万秦军是毁灭的行为，不过他更多是一个表演型人物，他一直表演的就是自己的“英雄本色”，跟刘邦同是表演者，但表演的内容却不一样。

表演型的人中有不少优秀的人物，但他们的缺点也非常明显，就是过于依赖他人的眼光。一个善于表演的政客如果没有选民的支持，他将一无是处；一个喜欢表演的演员，如果令观众讨厌，将犹如丧家之犬。

由于表演型的人物对虚荣心有超强的依赖，这导致他们很容易活在虚荣中，也就是我们说的活得不够真实，或者丧失了真性情。如果虚荣心受到打击，表演型的人会很受伤；如果虚荣心没有得到满足，表演型人物会感觉非常空虚。

要打击一个表演者，最好的方式就是打击他们引以为傲的东西，当他们最引以为傲的东西呈现在某个比他们更优越的人面前时，他们的信心会全面崩溃。

如果你是一个表演型人物，那么就要有意识提高自己对虚荣的免疫力。表演型的人物缺乏的就是定力，定力是自卑型人物的强项，很多自卑型人物都是泰山崩于前而面不改色。

表演型人物最痛苦的事莫过于看到别人做主角，自己只能当观众，表演型人物原本并不深刻，但失落感能够让他们深刻。只有尝过失落的痛苦，表演型人物才有可能脱胎换骨，否则会永远处在浅薄中。

对表演型的人来说，世界只是一个大舞台，在其中，他们享受着表演的快感，也承受着不能表演的痛苦。

炫耀型人物心理不成熟

炫耀型人物应该是所有类型中最为轻浮的一种人，这样的人在生活中也到处都是，他们的生命没有什么深度，只要在生活中有一两件可以让自己炫耀的事情，他们活得就很知足了。

炫耀型人最喜欢做的事情就是攀比炫耀，如果他们有一座豪宅的话，哪怕得到的途径并不光彩，也希望天天把照片晒在网上。

炫耀型的人一旦失去了可以炫耀的东西就会感觉失魂落魄，他们是一群货真价实的长不大的孩子。跟攻击型人物一样，炫耀型人中也很难出现了不起的人物，因为他们本性太轻浮，不是成大器的人。

炫耀型的人一般受的挫折较少，从小在温室长大，他们满足于已有的优越感，不会去深究什么道理，也不会有什么理想，他们觉得只要自己在别人眼中是一个活得还不错的人就行了。炫耀型的人很在乎别人的眼光，如果他们觉得别人都瞧不起自己，这对他们来说是一种灾难。

炫耀型的人与这个世界的关系一点都不密切，给人感觉对于世界他们是可有可无的，不像自卑型人物那样，如果世界辜负了他们，他们说不定会把世界搞得天翻地覆。炫耀型的人也没有占有型的人那种强烈的索取欲望，一个炫耀型的人如果拥有很多东西，往往是别人给的，以他们自己的能力，可能无法得到。他们没有攻击型人那种愤怒的能量，如果他们对一个人愤怒，充其量骂几句，消了气以后，愤怒也就消失了。炫耀型的人也没有表演型的人那种心理素质和掌控能力，一旦他们感觉在某人面前无法炫耀的时候，自信就开始动摇。

炫耀型的人往往是生活上的寄生虫，这一切都源于他们在心理上就是一个寄生虫。如网上一些炫富的人，除了炫耀之外还创造了多大价值?

用哲学家的话说，炫耀的人是一群生活在表象中的人，他们的存在不具备任何深度，他们的内心世界贫乏而空洞。

如果你很不幸恰恰是一个炫耀型的人，也不用太担心，因为你可以去正面认识这种类型的主要缺点，然后去努力克服。比如，可以通过看书和思考让自己深刻，可以通过思考告诉自己，炫耀是一件没有多大意义的事情，如此一来，让自己的兴趣转移，慢慢地，性格上会发生潜移默化的改变。

温和型人物的心态最好

温和型的人与这个世界的关系最为和谐，温和型的人具有一种特殊的能力：他能使自身与外界保持和谐，能够调和各种矛盾。

温和型的人物在某个环节里可能不一定是能力最出色的，但一般是修养最好的。最典型的温和型人物如萧何，还有大家都熟悉的唐僧。

温和型的人也可以分为两类，一类是德高望重修养特别好的人，另一类是老好人。前者是心理非常强大的人，后者恰恰相反，温和是因为弱小而形成的。

温和型的人通常成长非常顺利，家庭环境稳定，生活没有大起大落，父母感情稳定，父母对子女的教育也是温和型的。由于温和型的人很小就体会到一种安全感，所以在他们内心中对于这个世界没有太强的敌意，他们会下意识地认为这个世界也是温和的，即使有不“温和”的地方，也是少数情况。

即使温和型的人在长大成人的过程中碰到了不少挫折，他也会合理化这些挫折，不像其他类型的人那样对世界表示强烈不满，温和型的人会把他遇到的不公正的事情当成世界不完美的一个部分，认为自己应该顺应，而不是抵抗。所以，温和型的人无论如何总能保持良好的心态。

在所有类型的人中，温和型的人传播的是最为健康的价值观，他们大多是善良的人，当然也有不少贪官看起来一脸和气，就像笑面虎，但这种人大多是占有型的人，只不过是戴上了温和的面具。

其实，我们中国古代的哲学和思想也寻求把大家都改造成这种温和型的人，因为温和型的人乐天知命，由这样一个群体组成的社会更加有序、和谐。温和型的人习惯用温和和谐的眼光看待世界，不倾向于把世界看成人的对立面，也正因为这个原因，温和型的人没有过分的欲望，所以温和型的人通常有着更好的心态。

温和型的人生活可能比较平淡，但这正是他们想要的生活，波澜不惊无风无雨，心态至上。

第六章

做自我情绪调控的大师

培养定力需要从生活中细微处着手，要时时刻刻反观自己：我的行为是不是浮躁了，我是不是静不下来。定力的培养是一个漫长的过程，就好比一个人跑步一样，刚开始可能一天只能跑五百米。每隔十天就加上一百米，一年后他可能可以跑五千米。但如果让他一开始就跑五千米，他肯定会败下阵来，到时还会失去信心。所以还是这句老话：慢慢来，欲速则不达。

自嘲与幽默可以化解尴尬

生活中难免会遇到很多不愉快的事情，人与人的交往难免会有许多摩擦和尴尬，争执显然无法改善人与人之间的关系。这时候，自嘲与幽默往往会收到良好的效果。

林肯可以说是一个幽默大师，他很擅长拿自己开涮。有一次，林肯与政敌道格拉斯在国会里辩论，道格拉斯指责林肯是两面派。林肯说道："如果我有两张脸，我还会戴这张丑脸吗？大家说说，我是不是两面派？"林肯这么一说，在场所有的人都忍不住笑出声，气氛顿时变得轻松，连道格拉斯也从心里佩服林肯的气量。

幽默是一种非常神奇的东西，它能化敌为友，能让紧张和僵持的气氛顿时变得轻松愉快。幽默是一种智慧，用智慧能够化解那些偏见和原本不应该存在的对立与分歧。

幽默是人际关系的润滑剂，通常幽默的人都是很受欢迎的人，苏格拉底和林肯都是这种类型。如果你骂一个严肃正经的人，肯定会遭到他的反击；但如果你骂一个幽默的人，他可能会巧妙幽默地将你的话反转。

歌手、主持人凌峰就是一个非常幽默的人，有一次他参加一个电视节目，刚一出场，凌峰就摘下帽子，露出闪亮的光头，对着观众深深一鞠躬，说道："各位朋友，大家好，在下凌峰。"接着，凌峰对主持人说："侯小姐，我很高兴又见到您，而您是很不幸又见到了我。"

主持人笑着说："哪儿的话，请您谈谈作为一个名节目主持人的感觉好吗？"

凌峰说："我觉得作为一个主持人我先天条件比别人好，一些男性观众看到我都会觉得自命不凡（这时，台下掌声不断）。您看看，鼓掌的人都觉得自己长得比我帅。"

凌峰接着说："我是生长在台湾地区的山东人，南人北相，而且我看起来一脸的沧桑，似乎中国五千年的苦难都写在我的脸上，所以大江南北的同胞都很欢迎我。"

观众哈哈大笑。凌峰一出场就与观众进行了积极的互动，靠的是幽默和自嘲的力量。拿自己开涮需要气量和幽默感，凌峰这样做一下子就创造了轻松的气氛。

从心理学上说，自嘲的人都是有良好心理素养的人，因为他们成功地克服了自卑，所以反而显得比一般人更自信。越是优秀的人越应该懂得自嘲的艺术，因为自嘲可以化解别人的嫉妒，嫉妒是人的天性之一。

当然，自嘲是一门艺术，不等于拼命地损自己，需要恰到好处。

善于遗忘

善于遗忘一些不开心的事情其实是有利的。

人活着,不可能会一帆风顺。烦心事多了,积累在心里会憋出病。所以我们主张一个人要善于遗忘生活中不愉快的事情，尤其是这些不愉快的事情并非因为你造成的。如果什么痛苦都藏在心里，最后就会变成一副苦大仇深的样子，就像祥林嫂那样。

列子曾经讲了这么一个故事，发人深省。

宋国有一个人叫华子，人到中年得了健忘症，早上拿了东西晚上忘记，晚上给了东西早上忘记；在路上的时候突然忘记去什么地方，在家里时忘记自己在什么地方。过去的事全都不记得，也不知道未来应该干什么。全家人都为他的病担心，请医生为他治疗，不见效果。请神巫来看，也不见效。最后有一个儒生自荐，说能治好他的病。儒生说：“要治好他的病，必须从心入手，我试着改变他的心神，让他重新找回思虑。”

儒生的办法很有意思,他让华子住在露天的环境下。这样一来，天冷了，华子就向家里人要衣服，肚子饿了，就向家人要饭吃。儒生又把华子关闭在暗室里，华子受不了，要出来见阳光。结果，一段时间之后，华子的病就治好了。

华子病好之后，过去的一切都记起来了。他开始大发雷霆，开始大骂老婆，斥责儿子，还拿起长矛赶走儒生。家人把他捉住，说道：“是这个儒生治好了你的病，你干吗要拿长矛赶他？”

华子悲愤地说：“过去我健忘，渺渺茫茫不知道天地是有是无。现在突然记起了往事，几十年的存亡、得失、喜乐、好恶纷至沓来，我现在的心境乱成一团麻，再想忘记哪怕短短的片刻恐怕也是不可能了。你们说我要不要赶走这个儒生，是他又让我回到了痛苦之中。”

这个故事虽然看似有些好笑，但也是发人深省的。很多时候，其实如我们传统的智慧说的：难得糊涂。糊涂多好啊，当然这里的糊涂不是真糊涂，而是超越了是非纷扰，安居于宁静无为的精神世界中。

我们做人也是这样的，凡事太计较、太认真肯定不是好事，有时候，学会忘记未尝不是一种境界。

该放松的时候就应该放松

有人说生活就是一个战场。说这话的人肯定是好胜心非常强的人，有好胜心没有错，因为有好胜你才能去拼搏去奋斗，但是不要无时无刻不在好胜，该轻松的时候就应该轻松。

世界因为欲望而变得沉重，一个人在生活中奔波劳累就是为了获得财富，保障自己和家人的生活。

所以，当你下班回家的那一刻，你就应该放松自己的心情。因为这里不再是战场，家是温馨的港湾。很多人神经绷得紧紧的，即使回家后，也感觉到压力。如果是这样的话，就应该提醒自己，是不是忘记了轻松与闲适。

科学家通过实验证明，一个人如果全身的肌肉和大脑都很放松，即使别人试着去激怒他，他也很难感到生气。当一个人感到生气焦躁的时候，首先出现的是神经和肌肉绷紧，这是人的正常反应。反过来，如果一个人善于让自己的大脑放松，即使外界出现了刺激源，他的反应也会比较小。这也就是我们在生活中看到的，有的人脾气特别好，很难被激怒。

学会放松，可以让一个人免受刺激源的干扰，从而保持良好的心态。

罗马皇帝兼哲学家马可·奥勒留说向山林寻求宁静是一种俗不

可耐的向往，因为人的心灵就是最好的净土。这也就是中国古人所说的大隐隐于市，其实他不是隐于市，而是隐于心。心远地自偏，只要心灵宁静，处于喧嚣闹市也能耳无车马声。

每个人都需要一个“心灵的休憩所”，在这里能够忘记一切烦恼和压力，让自己好好放松好好休养。心中有一片宁静的小屋就是减压的最好地方，给自己一个心灵小屋，让自己从各种纷扰中解脱出来，享受哪怕只是短短一刻的宁静。

上班族都非常忙碌，大家都想高效率地工作，一寸光阴一寸金，每一个人都在尽力让光阴变成黄金。私人的空间反而越来越小，压力与焦虑也越来越多，等到收获的时候已经疲惫不堪。

古今中外的哲人告诉我们一个相同的哲理：放慢脚步，倾听心灵的声音。

浮躁让人不安

浮躁是现在社会的一种常态，但是浮躁是一种非常不好的状态。老子说“轻则失本，躁则失君”，轻率与浮躁会让人丧失根本，孔子也说“欲速则不达”，这些说法均指出了浮躁的弊端。

浮躁的人很难沉住气，因此很难具备坚强的毅力，往往事情做到一半的时候就会半途而废。老子说大器晚成，意思就是一个人只有经历了人生种种波澜之后，内心做到宠辱不惊，不浮躁的时候，才是成大器的时候。所以古人认为，浮躁的人往往不能成大器。

浮躁的人往往想不劳而获，或者只付出一点点就收获很多。现在很多人崇拜那些明星、网红其实就是一种浮躁心理。诸葛亮说“宁静致远”，浮躁的人恰恰相反，心永远静不下来，所以你要想让他们静下心来好好做事情是非常难的。电影电视快餐流行，也是全民浮躁的一个象征。大家已不再关注那些打动心灵的影视了，只想看到里面出现当红的明星或是离奇的情节……

社会节奏越快，人心就越浮躁；竞争越激烈，就越会助长浮躁的心理。大家不再想用自己的双手一点一滴地获得成功，而是急功近利，想一夜成名一夜暴富。但是，这样的好事是不多的，一夜成名一夜暴富的人毕竟是极少数，所以大多数人都会处在焦虑和煎熬中。看着别人成功，看着别人拥有财富，分外眼红，反而加重了浮躁。

浮躁的人心神时刻处于动荡之中，神经紧绷，脾气不好，做事急躁。

要克服浮躁没有什么灵丹妙药，还是要慢慢来，循序渐进地培养自身。培养定力需要从生活中的细微处着手，要时时刻刻反观自己：我的行为是不是浮躁了，我是不是静不下来。定力的培养是一个漫长的过程，就好比一个人跑步一样，刚开始可能一天只能跑五百米。每隔十天就加上一百米，一年后他可能可以跑五千米。但如果让他一开始就跑五千米，他肯定会败下阵来，到时还会失去信心。所以还是这句老话：慢慢来，欲速则不达。

抹去浮躁，一个人的心灵才能容得下更多的东西，才有可能在成功的路上走得更远。

不要因为感情受挫而逃避生活

我们看到过一些报道，有的人因为感情受挫而选择了出家。确实，感情失败给人带来的挫折感非常巨大，让人想逃避现实生活。

其实，如果逃避现实而出家，那是错误理解了释迦牟尼的思想。真正思想觉悟到达一定境界的人，在家亦是出家，而把佛门当成逃避感情的途径的人即使出家，心也还是在红尘之中。

因为感情受挫而出家的人更多的是一种自伤自怜，是一种表演，表演给那个辜负自己的人看，或者想象那个人在看。这样的出家与其说是出家，倒不如说是另一种执着。佛教认为人们首先要破除“贪嗔痴”三毒，恋爱是一种痴，万缘随风，到头来也是一场空。

感情是人类最无法把握的一种东西，你有再多的钱也买不到真爱，爱情一旦来了热烈似火，一旦逝去迅疾如风。所谓来也匆匆去也匆匆。所以，我们不主张一个人对感情太过执着。

有这样一个故事：

一个禅师看到一个青年在池塘里打水车，向这个青年要了一杯水喝。青年羡慕地对禅师说：“如果我有一天看破红尘，一定会像你这样出家。不过我不想做游方和尚，我想待在一个寺庙里好好参禅静修。”

禅师笑道："那你什么时候看破红尘啊？"

青年回道："我现在做这个工作是为全村人服务的，还没有人像我这样了解水车，等我培养出一个好徒弟。我就可以无牵无挂出家了。"

禅师笑道："既然你这么了解水车，我就问你一个问题，如果把水车全部浸在水里，或者完全离开水面，会出现什么结果？"

青年答道："如果把水车全部浸在水里，水车当然无法转动，甚至可能被水流冲走。如果完全离开水面，那根本不可能激水。"

禅师笑道："你刚才所说的就是禅理啊，出家也是如此。一个人如果完全沉浸在现实生活中，就会随波逐流，难以觉悟。相反，如果一个人刻意出家，断绝与这个世界的联系就像把水车从水里提出来，同样不能产生觉悟。所以，最好的是在入世中出世，出世中入世。"

禅师的一番话让青年顿悟，他决心继续打水车，在打水车中悟道参禅。

心安处即故乡。我们千万不要因恋爱受挫而选择去出家，对待感情也要保持一个合适的态度。失恋并不是什么大不了的事，可怕的是失去内心的安宁。

还有这样一个故事，有一个禅师带着三个弟子。一天，师父问这三个人，庙门前有两棵树，荣一棵，枯一棵，你们说是枯的好还是荣的好？

大徒弟说：荣的好。

二徒弟说：枯的好。

三徒弟说：枯也由它，荣也由它。

无论是选择荣和枯都是一种得失心态，有得失心态心就不安稳，心不安稳就会患得患失。选择第三种态度才是一种超然的姿态，心境不受外物感染。对于爱情我们也应该采取这样的姿态：来也由它，去也由它；不抗拒，也不挽留。

对嫉妒说“不”

莎士比亚说：“嫉妒是绿眼妖魔，谁做了它的俘虏，谁就要受到愚弄。”

嫉妒确实是人最可怕的一种情绪，因为嫉妒对人的折磨胜于愤怒，愤怒还可以发泄，嫉妒却无处可宣泄。看到自己讨厌的人飞黄腾达幸福快乐，那比用刀子扎心还难受。看到自己曾看不起的人现在呼风唤雨，一个人可能瞬间产生心理崩溃的感觉。

嫉妒几乎无处不在，一般来说，嫉妒没有太大的危害，但如果任其发展，也会走向不归路。庞涓因为嫉妒孙膑的才能，甚至想把孙膑害死，结果孙膑失去双腿，侥幸逃脱一死。后来，孙膑复仇，击败庞涓，庞涓自杀，为自己的嫉妒付出惨重的代价。汉朝的吕后嫉妒戚夫人的美貌，将其削成人彘，最后丢在厕所里。由此可见嫉妒所产生的憎恨力量。

就像爱美之心人皆有之，嫉妒之心也人皆有之，只是轻重不同而已。轻微的嫉妒之心并不是什么坏事，反而可以激励一个人提高自己，变得更好。但是嫉妒之心如果过重的话是非常有害的，过度的嫉妒就是魔鬼，能让人丧心病狂。一个陷入疯狂嫉妒中的人什么事都做得出来，它会让人变得心胸狭窄，心理完全失衡。

作家亚米契斯说：“不要喂嫉妒的蛇，这蛇要吃你的头脑，坏你的心胸的。”

嫉妒确实很像一条毒蛇，它蠕蠕爬行，在狭隘和阴暗中一点点地蚕食人的理智。克服嫉妒需要人放开胸襟、自我超越，做一个心胸宽广的人，才能够欣赏别人的长处。轻度的嫉妒虽然有一定的积极作用，但很有可能会发展为重度嫉妒，所以在嫉妒出现的时候我们就应该提高警惕，告诉自己不要陷入嫉妒的泥淖中，要随时随地保持心胸开阔。

第七章

不要让魔鬼走进你的心里

善与恶都在人的心中，但善要发展壮大非常缓慢，而恶要变本加厉却非常容易。所以，在日常生活中我们一定要谨慎对待自己的心，不要让它产生恶的念头，一旦产生恶的念头就要掐灭，只有这样才能让自己的心灵永远与善良为邻。

善恶只在一念之间

科技在发展，社会节奏在变快，也催生了各种各样的犯罪。不少犯罪的人并非天生就是个恶棍，很多时候是环境造就的。走向犯罪的人可能最开始都只不过是一念之差，一下子脑筋没转过弯，心中产生愤恨，于是犯下了错误。

刘备去世前遗诏告诫儿子刘禅：“勿以恶小而为之，勿以善小而不为。”那些大盗窃犯都是从偷细小的东西开始，那些杀人不眨眼的魔头最开始可能只是因愤怒而伤害他人，那些贪污几十亿元的人最开始可能只不过是接受一个小小红包。

善与恶都在人的心中，但善要发展壮大非常缓慢，而恶要变本加厉却非常容易。所以，在日常生活中我们一定要谨慎对待自己的心，不要让它产生恶的念头，一旦产生恶的念头就要掐灭，只有这样才能让自己的心灵永远与善良为邻。

我们一定要记住，恶念一般都是在逆境、在不愉快中滋生的。如果一个人一帆风顺，生活幸福，恶的念头不容易产生。相反，如果一个人遇到了很多让人不愉快的事情，恶的念头就很容易产生。

有人说：“我感谢那些瞧不起我的人，是他们让我不断自强。”

禅宗也经常告诉世人：要感谢那些给你挫折的人，是他们让你更强大。

可惜，有的人没有以一种自强的态度面对挫折，而选择了以暴力手段去解决问题。

马加爵案后，警方问到他何时动了杀机，马加爵的回答让人大跌眼镜，让他动了杀机的居然是一件小得不能再小的事情。他说："那天打牌本来我没有作弊，但他们偏说我作弊，让我觉得他们又看不起我，于是我便动了杀他们的念头。"

可见，有时出现杀人的原因并不是血海深仇，也不是重大纠纷，只不过是生活中的一些小摩擦而已。

应该说，有很多杀人犯他不是什么天生的杀人狂，没有人规定他们生来就必须杀人。他们之所以走向不归路，除有一定的环境因素外，最主要的还是不能克服自己的心魔，于是恶在心里生长，由最开始的一颗种子慢慢地开出庞大的罪恶之花。

贪嗔痴是一切罪恶之源，一切坏情绪都是从贪嗔痴中产生出来的，坏情绪犹如洪水猛兽，会吞噬掉一个人的良知和理智。但我们又不得不承认，我们是凡人，每一个人都会有贪嗔痴。人有贪欲很正常，看到金钱、权力和美色，会想占有，但我们始终要保持清醒的认识，不属于自己的东西不要去占有。否则，因为得不到一个东西而采取非常的手段，就势必要走向邪道。

在生活中，每个人难免会遇到各种挫折，受到不公正的待遇，进而产生嗔恨之心。但产生嗔恨之心时要告诉自己，愤怒是一种不良情绪，应该尽快将其消除。告诉自己，愤怒是拿别人的错误惩罚自己，别人无礼地对待你，本来你就没错，再愤怒的话就是在惩罚自己了。

看到别人好，别人走运，别人成功，人也很容易产生嫉妒之心。产生嫉妒之心是一个非常不好的迹象，这意味着你可能会处于嗔恨之中。所以，嫉妒之时，最好告诉自己：人生是一场生命的奇幻之旅，每个人都会碰上不同的境遇，没有什么可嫉妒的。

一个人丢了钱，会觉得自己受了很大的委屈，是个受害者，于是他无根据地怀疑某个人偷了自己的钱，愤怒情绪越深，就越坚信自己的怀疑，让自己在愤怒情绪中越陷越深。但如果他冷静下来，认识到自己的怀疑没有根据，进一步觉得因为丢了钱包让自己的情绪变坏很不值得，那么他对丢钱这件事就产生了正确的认识，心情也会慢慢好转。

其实，心理调节也很简单：努力将错误的认识扭转为正确的认识，进而将负面的情绪转化为正面的情绪。心如明镜台，只要我们时时勤拂拭，魔鬼就无法走进我们的心里。

控制自我才能控制别人

人是非常容易生气的一种动物，虽然我们都知道生气不好，但遇上了让人上火的事情还是控制不住会生气。

一个人如果想跟自己过不去，最好的方式就是每天生气。生气有很强的破坏作用，它不仅损害你的身体，也会让你的心情变得阴暗，最糟糕的是，生气极其容易破坏人际关系。生气会无端制造很多不愉快，让原本友好的朋友变得生疏。

情绪这东西很奇怪，如果你不及时控制，它还会不断地膨胀、放大，最后变得不可收拾。人们常说和气生财，就是因为和气能聚人，大家同心协力，赚钱就更容易。而生气会让人敬而远之，生气的人会给人们留下不好的形象。

其实，我们换个角度想想，想要生气的时候恰好就是你改善自己的时候。一个人为何要生气？他生气要么是别人有什么地方没做好，要么是自己没做好。如果是别人没做好而自己生气，那么说明自己的修养有待提高，别人有做得不对或是不好的地方，最好的方式不是直接指出别人的错，更不是生气，而是委婉地批评和帮助别人。如果是自己做得不好，反而生气，那就更荒谬了。

一个人生气或是发脾气肯定会伤害到身边的人，不仅如此，还会危害自己的健康。生气是一种伤人又伤己的事情，所以在生活中人们一定要努力避免生气。

有一个小男孩，特别爱生气，不分场合动不动就发脾气，结果大家都不敢靠近他。这个男孩的父亲为了教育他绞尽脑汁，他知道如果直接叫男孩不要生气，男孩不但听不进去，反而会对自己生气。后来，他终于想到了一个办法。

一天，父亲给男孩一包钉子，对他说："以后你每发一次脾气，就往木板上钉一颗钉子。"

第一天，男孩钉了九颗钉子。但一个月之后，男孩每天钉的钉子越来越少，在这个过程中，男孩逐渐学会了控制自己的情绪。男孩欣喜地感觉到自己的变化，便把自己的转变告诉了父亲。父亲对他说："如果你能做到一天不发脾气，就从木板上拔下一颗钉子。"

就这样，男孩每天都控制自己不发脾气，几个月后将木板上的钉子拔光了。当男孩带父亲看这木板时，父亲高兴地说："孩子，你做得很好，爸爸为你感到自豪。但是你看看你手中的木板。"

男孩盯着木板上钉子留下的孔，不解地望着父亲。父亲说："虽然你拔下了这些钉子，但是依然留下了许多小孔，这些小孔能复原吗？"

男孩摇了摇头，父亲说："这些小孔就像人心里的伤痕，你每发一次脾气就会在心里留下伤痕，就算你后来向他们道歉，伤痕也不会消失。"

这个父亲就像一个心理学家，用钉钉子这种形象的比喻让自己的儿子悟出生活的道理，这种方式远远比说教管用。很多人发脾气大多是图一时之快，往往并非有什么充足的理由发脾气，即使有充足的理由发脾气，最好的方式仍然是克制。

经常生气会让一个人变得孤立，所以我们每次生完气之后，一定要好好地检讨一下自己，问自己：为这样的事生气是不是值得呢？难道除了生气之外，我就不能用其他态度、其他方式对待这件事情吗？生气之后是否于事有补呢？

多问自己这样的问题，慢慢就会发现，生气其实是一件没有必要的事情，遇到快要发作的时候，火气也没那么大了。如果一个人成功地控制了自己的情绪，他一定是一个很了不起的人。情绪是人身上最不理性的东西，好比是野兽，如果驾驭了情绪这头野兽，必定可以驾驭得了外在的世界。

我们不妨来看这样一个故事。

有一个木匠在工作的时候，不小心把自己最为珍贵的手表掉进了木屑中，木屑堆得像小山一样，所以木匠一时之间没找到手表。木匠心情非常急躁，老婆劝他吃完饭后再找吧！木匠想想，也只好这样了。就在他吃饭的时候，孩子来到木屑堆旁边，不一会儿就找到了手表。

木匠惊奇地问孩子是怎么找到的，孩子说："我只是安静地坐在这里，一会儿我就听到了嘀嗒声，然后就找到了手表。"

这个故事告诉我们，一个人一旦大脑处于急躁的状态，是不可能静下心来思考问题的。所以，当我们处于生气和愤怒状态时，咆哮是解决不了问题的，最好的方式就是静下来，心灵的杂质沉淀下来之后，生气和愤怒的情绪就会慢慢消失，我们也就慢慢知道如何面对生活中不尽如人意的事情了。

既然人的情绪如同洪水猛兽，那么我们就要成为一个优秀的"驯兽师"，让情绪这头野兽不要跑出去伤人。如何驾驭情绪这头野兽呢？

第一，了解自己，在情绪爆发之前成功地驯服情绪，给情绪套上一个笼头，免得它张开獠牙伤人。

第二，追问情绪产生的原因，刨根究底的好处就是让人明白很多看起来非常严重的事情其实是由小事情引起的。

第三，用合理的方式疏导情绪，当感觉不好的情绪向你扑来的时候，去做一些让自己快乐的事情。如果你喜欢游泳，那就去游泳吧；如果你喜欢打球，那就去打球吧。总之，悄悄转移自己的注意力，让自己做一些自我感觉愉快的事情。

成功学大师拿破仑·希尔说："一个人除非先控制自己，否则他将无法控制别人。"

禅宗六祖慧能说："烦恼即菩提。"由此可见，一切事物都不是没有价值，看似负面的情绪其实也可以做到为我所用。很多成功的人都是从失败和逆境中成为强者的，他们成功后都对曾经的挫折和失败表示感激。很多悟道的高人也都是从烦恼中走过来的，没有烦恼和痛苦，一个人很难真正觉悟。

坏情绪可以是一种动力，促进你改变自己，变成一个更好的人。我们不仅要从坏情绪中走出来，更要将坏情绪变成好情绪，换一种心态生活。

不要用愤怒面对愤怒

生活中，经常可以看到两个人为一点小事吵得不可开交，甚至大打出手。很多时候，追究起来，并非有什么深仇大恨，而是由于不能控制情绪，一方语言过激，另一方不肯相让，结果愤怒不断升级，最后闹得不可收拾。

一个人要想与他人完全没有矛盾，除非到深山老林中生活，因为只要有人的地方就会有矛盾。其实，矛盾并不可怕，可怕的是处理矛盾的方式。

产生矛盾，可能是别人的错，也有可能是自己的错，更多的情况是双方都有错。假如你面对的是一个愤怒的人，哪怕错在对方，你也要保持冷静，不要让矛盾升级。因为矛盾一旦升级，就可能酿成更糟的结果，那时对错已经不重要了。

美国前总统麦金利是一个非常有修养的人，即使在他非常有理的时候，他也能控制自己不发脾气。有一次，几个议员对麦金利委派的收税经纪人非常不满，他们找到总统，指着麦金利的鼻子破口大骂，话语从不满变成了人身攻击。面对这种无礼的攻击，别说是一个总统，就是一般人也会暴跳起来。但是麦金利却非常冷静，一言不发，当这个议员发泄完愤怒后。麦金利平静地说：“现在，你是否感觉痛快了一点？以你刚才讲话的水平来看，你根本不可能弄清楚我委派他的理由，不过我还是要告诉你原因。”

那个议员顿时傻眼了，意识到自己的粗鲁和总统的修养形成了鲜明的对比，他立即感到羞愧，道歉说：“对不起，总统先生，刚才我失礼了。”

麦金利点点头，将事情的原委告诉他，他听得心服口服。

其实，发怒的行为不但不好，从某种意义上来说，发怒表示承认自己是错的。面对别人的愤怒，选择愤怒作为反击的方式是非常愚蠢的一种做法。

别人越是发怒，你就越需要心平气和，只有这样才能大事化小、小事化了。当然，不发怒不代表没有怒火，怒火人人都会有，只是你必须清楚，如果怒火无助于解决问题，那么发怒又有什么用呢？成功的人都是善于将怒火转化成动力的人，比如说一个人曾经被人瞧不起，当时很生气。但想通了之后，就会将愤怒转变成奋斗的动力。

如果你善于调控情绪的话，愤怒还可以成为人生的一种动力。愤怒很容易激起人的心理能量，当你愤怒的时候，也就是你在心理上进行自我超越的机会。比如说，某个人因为某件事而受气，感到愤怒，那么接下来他应该想的是停止愤怒，找到争气的途径。一味地愤怒只会让人变得渺小，想办法超越愤怒才是正道。所以说，人要争气，而不是赌气。

面对别人的愤怒更需要智慧，用愤怒面对愤怒是最不明智的一种方式。当然，面对别人的愤怒，讲道理往往也没有用，因为处于愤怒中的人听不进道理。所以，最好的方式就是让对方把愤怒发泄完。很多时候人心中的愤怒往往不是针对某个人，也往往不是针对某件事，只是心里积累了太多的负面情绪，需要借着某个机会发泄一下。

自尊也有阴暗面

一般来说，在我们的价值体系里，倾向于宣扬和赞赏自尊。

自尊是什么，自尊是人们的一种自我评价，自尊分为高自尊和低自尊。高自尊的人就是那些自我评价很高的人，低自尊的人就是那些自我评价过低的人。

自尊绝对不是一成不变的，它会随着我们的经历而发生变动。研究表明，如果一个人在社会中遭受挫折，这会降低他的自尊。如果这种挫折是短暂的，过一段时间，他的自尊又会回升。假如挫折是连续不断的，那么他的自尊会被击垮。

通常人们更欣赏高自尊的人，高自尊的人在人际关系中更为主动，显得更为积极乐观。

不过，心理学家发现，越是心高气傲的孩子越是容易成为危险分子。如果一个心高气傲的孩子在成长过程中被社会拒绝和威胁，那么他长大之后会变成什么人实在难以预料。

高自尊的人在面对威胁的时候也表现出比一般人更多的敌意。所以，一些心理学家也认为，高自尊的人并非像人们想象的那样更讨人喜欢，相反，他们可能更加惹人讨厌，因为他们更容易看不起别人，经常批评别人，让人非常不愉快。

所以，自尊自爱是好的，但是千万不要走向极端，不要认为自尊自爱就是一切。我们都是平凡人，依赖社会，依赖他人。学会用一颗平常心来看待自我、看待他人吧！

不要让孤独统治你

通讯越发达，人的心灵反而越孤独，这是一个非常有意思的现象。

害怕孤独的人往往比不害怕孤独的人更容易感觉到孤独，孤独并不是一种心理疾病，却随时可能转化为心理疾病。

人生在世，谁敢说自己从来没有孤独过？哲学家们早就说过，灵魂只能独行。就算我们身在人群中，我们的灵魂同样也是孤独行走的。越是热闹的地方人们反而越孤独。

孤独和孤单完全是两回事，一个人可以独处，但他未必感觉到孤独。相反，一个人每天都穿梭在聚会中，可能心灵孤独无依。

孤独感是怎样产生的呢？当一个人感觉到自己被周围的人排斥、不被大家喜欢时会产生孤独感，或者说即使周围人没有排斥，但他感觉自己跟周围的人不是同一类人时也会产生孤独感。心理学家发现，青年人比成年人更容易感觉到孤独，这可能是因为他们还处于幻想期，渴望精神上的理解比成年人更强烈。

一个人除非内心强大，否则很容易在孤独中沉沦。那些没有在孤独中沉沦的人都是心灵非常纯净的人，比如写《瓦尔登湖》的梭罗。长期处于孤独的人很容易陷入恶性循环中，在孤独中待的时间过长，就更加不喜欢与人接触。

孤独的人对人际交往有一种恐惧感，在人际交往中他们有一种无力感。研究表明，孤独的人对他人更容易形成负面的认识，也就是说，孤独的人更倾向于对别人作出负面的评价。

孤独者被社会排斥，同时也在心里排斥社会。对于他们来说，减少孤独就等于放弃自己的自尊。孤独者大多会存在一些心理障碍，再加上他们心理极为敏感，在社会交往中就会经常受伤害，这导致他们需要有一个封闭的世界来保护自己，对于他人和社会采取一种疏离和冷漠的姿态。

然而，适当的孤独不但不可怕，反而是必要的。只有在孤独泛滥成灾的时候，才是一种危害。科学研究和艺术创作都离不开孤独，只不过跟那些惧怕孤独的人相比，很多艺术家是享受孤独。

一旦被孤独统治，那是一件非常糟糕的事情，这证明你在内心里非常畏惧它；但如果是和孤独相安无事，那说明你心态很好，能够享受孤独。

为什么幸福越来越难

每天都忙碌的我们相信早已发现这样一个事实：我们为了生活辛苦地奔波，可是到头来不但没有收获幸福，反而烦恼越来越多，心灵越来越空虚。

今天，大家都把物质当成是幸福的保障，但物质真的能给我们带来幸福吗？

心理学家卡塞说，当人们感觉到不确定、不安全和贫困时，物质主义和拜金主义就会流行。人越是缺乏安全感，就越是需要通过占有一些东西来让自己心理安稳。

你到外面随机做一个调查，相信会碰到不少的人对自己现有的状况不那么满意，想提高自己的生活水平，拥有更多的物质享受。而与物质文明膨胀形成鲜明对比的是，人们的精神需求和精神世界则急剧萎缩。

物质主义已经是一种全球性的浪潮，它会给我们带来一种错觉，好像幸福就是不断地占有，好像我们的腰包越来越鼓我们就会越来越幸福。要知道，物质主义的思想也有可能是一个魔鬼，一旦它完全占据了你的心灵，也许下一步就会剥夺你的幸福。幸福本来应当是心灵的感受，而物质主义渴望用物质摧毁精神世界。

有研究显示，在人均收入超过一定程度的国家，财富跟幸福感之间的关系就会微乎其微。也就是说，当你已经不用担心生存问题了，这时候腰包里再增加几千块钱已经对你的幸福感没有多大的帮助了。

金钱既可以增加快乐，也能减少快乐。在人的财富达到一定程度之后，个人的幸福感就不会随着财富的增加而增加。

现在美国的人均收入比几十年前多多了，但是研究者发现，人们不但没有变得更加幸福，幸福感反而有减少的趋势。人们虽然更富有了，但是社会的心理问题更加突出，自杀和抑郁的比率更高，年轻人对生活更加迷惘。

那么我们就要问了，追求什么能够让人幸福?

研究表明，追求亲密感、个人成就和兴趣爱好的人更容易体验到幸福，幸福的质量也更高。所以，我们不要把幸福和物质完全挂钩，这两者之间实在没有太大的干系。如果我们拼命奋斗，希望有一天买房买车，买到房和车之后就能从此过上幸福的生活，这将是一个巨大的自我欺骗。

如果我们要追求幸福，就要尽量摆脱这种思维。幸福就在你的心里，当你自由自在地做着自己喜欢的事情时，这就是幸福。

第八章

心理有病症怎么办

心理学家做过这样一个试验，让一些女性接触一个冷漠、不友好的陌生人，营造一种难堪的社会环境。和那些乐观的女性不同，那些比较悲观消极的女性会将交往过程的失败归咎于自己，并因此感到一定程度的抑郁。更重要的是，这样的经历会让她们对今后遇到的人表现出一种不信任和敌意。

小心抑郁这个不速之客

有一个聪明绝顶的少女，读书时连连升级跳，十四岁就考上了名牌大学，在当地是非常有名的神童。但是考上大学之后，有一天她突然自杀了。学校非常震惊，她的父母听到这个消息崩溃了，简直不敢相信自己的女儿会自杀。为什么这么优秀的女儿会自杀呢？后来，父母找到了女儿的日记，发现了其中有一句话：活得太累了，只有死才能让我休息……

这是典型的抑郁导致自杀的案例，抑郁患者都是非常习惯于消极思考的人。在他们眼中，世界是灰色的。由于他们内心世界是非常消极的，所以他们会本能地放大痛苦体验而缩小快乐体验。在抑郁患者的心里，世界是没有意思的，自己是毫无价值的，所以他们才能轻而易举地选择自杀。因为他们觉得他们在心里已经把问题搞清楚了：世界没意思，我没有价值，所以自杀顺理成章。

抑郁症有哪些特征呢？

患抑郁症的人会经常感觉到悲伤和空虚，对家庭和朋友都不感兴趣，他们觉得生存没有意义，经常感觉没有食欲，有时失眠，有时嗜睡，无法集中注意力，会出现死亡和自杀的念头。抑郁症在现代社会非常普遍，世界卫生组织已经将抑郁症列为世界第四大疾病，由此可见抑郁症的危害。抑郁症并不是说，只要你规规矩矩地生活，就可以远离。抑郁症在任何人群都可能发生，越是高智商、高学历、高追求的人，患抑郁症的也许性反而越大。抑郁症也不会因为一个人道德高尚就不光顾，相反，地痞流氓可能还更不容易患上抑郁症。

抑郁症分为轻性抑郁症和重症抑郁症，轻性抑郁症可能很多人都经历过，在人经历一些挫折、打击或是重大变故的时候容易出现轻性抑郁症。一般来说，轻性抑郁症会随着时间而消失，所以它的危害性并不大。重症抑郁症是一种临床症状，如果不及时进行治疗的话，可能就非常危险了。不过抑郁症跟其他的身体疾病不太一样，光靠药物并不能根治。

大家都知道抑郁症患者是非常消极悲观的，但是一些研究抑郁症的专家却发现了一个不为人知的事实：抑郁症患者往往比正常人更为客观。换句话说，抑郁症患者之所以悲观可能就是因为他们看得太“透”了。这是一个让人震惊的结论，似乎在诠释着一个古老的哲理：要想快乐地活着，最好先自我愚弄，太聪明的人往往活在痛苦之中。

心理学家称这种现象为“悲观而明智”效应。普通人往往夸大自己的能力和受欢迎程度，普通人在回忆过去的时候往往加上玫瑰色的光环，但是抑郁症患者却不这样做，抑郁症患者对事物的认识有种惊人的客观。普通人喜欢自我美化，而抑郁症患者却很清楚地看到自己身上的优点和缺点。普通人一旦成功了就认为自己很了不起，失败了就说是环境的错，抑郁症患者无论面对成功还是失败都对自己有一种清醒的认识。普通人总是幻想未来会很美好，抑郁症患者对未来没有这种幻想，他们觉得未来跟现在一样现实。

从这个角度来看，如果我们单纯地觉得抑郁症患者是一种病人，似乎对他们不公，可能是由于对世界认识得过于深刻，反而让他们患上了抑郁症。世界上很多杰出的艺术家和文学家患有抑郁症，我们很少会在愚蠢的人身上看到抑郁症。

大家知道，抑郁症患者的思维方式是消极的、悲观的。现在的问题是：究竟是消极的思维方式导致了他们的抑郁症，还是抑郁症导致他们的思维方式消极悲观？

心情影响一个人的思维，如果一个人心情快乐，他的思维就呈现出积极和阳光的一面。如果一个人不快乐，他的思维就呈现出阴暗的一面。心情影响着人的行为，心情轻快的人走路都轻快，心情沉重的人走路都沉重。很多抑郁症患者都有这样的认识：他们觉得别人不喜欢自己。确实，抑郁症的悲观和恶劣心境会引起社会的排斥，因为抑郁症是可以传染的。所以，我们根本无法搞清楚到底是消极思维产生抑郁，还是抑郁产生消极思维，只能说这两者相互作用、相互影响。

在现实生活中，抑郁是很容易光临我们的。当一个人面临着失恋或失业的巨大打击时，是非常有可能感觉到抑郁的，但这不代表患上了抑郁症。有抑郁倾向的人在经历不好的事情后总是倾向于自我关注和自我反省。

心理学家做过这样一个试验，让一些女性接触一个冷漠、不友好的陌生人，营造一种难堪的社会环境。和那些乐观的女性不同，那些比较悲观消极的女性会将交往过程的失败归咎于自己，并因此感到一定程度的抑郁。更重要的是，这样的经历会让她们对今后遇到的人表现出一种不信任和敌意。

轻性抑郁是比较容易缓解的，最好的方式莫过于转移他们的注意力，当他们的注意力从自责和自伤中转移出来时，心境就会变得明朗。

心理学家通过统计发现，西方现代的青年出现抑郁的概率比他们祖父辈高得多。原因何在？主要跟宗教信仰和家庭观念的淡化有关，个人主义和物质主义的膨胀无疑加剧了人们的抑郁情绪。

若抑郁情绪走进你的心里，千万不要慌张，冷静地面对这个事件。生活一切照旧，该上班时上班，不要休长假。因为无事可干往往会加重抑郁，坚持工作能给自己带来成就感，慢慢就会减缓抑郁。当你感觉到抑郁光临时，不要轻易给自己制定困难的目标，因为一旦目标没有达到，无疑会加重抑郁。每天要学会肯定自己，这不是自我欺骗，每个人都有优秀的地方，都会做一些让自己感觉满意的事，哪怕是小事，所以勇敢地肯定自己吧！抑郁来了之后，不要用消极的口气说话，也不要谈论一些让人悲观失望的事情。

究竟是谁在强迫你——强迫症

在讲强迫症之前我们先来看一个案例。

一个患者被一些疯狂而可怕的念头折磨，他想尽一切办法也无法克服头脑里的这些念头，于是他找到了心理咨询师。

他告诉心理咨询师："最近我发现自己的头脑里总是产生一些疯狂的想法，每次走到高楼上我总想从上面跳下去。刚开始的时候，我还以为只不过是自己在胡思乱想而已，但是后来这样的想法越来越多。有时候我开车在高架桥上时，恨不得直接冲下高架桥。这样的冲动非常强烈，如果不是我头脑清醒，知道这么一冲下去就会结束自己的生命，可能真的已经冲下去了。我知道自己得了强迫症，但我不知道如何控制这些强迫的念头。"

心理咨询师静静地听着，接着患者又说："有一次，我乘公共汽车的时候，看着窗外，忽然非常想自杀，于是我打开窗子，从公共汽车上跳了下去，还好受伤不重。当时我就像一个没有自主意识的人，我真的不知道自己为什么要这样做。还有一次我郊游的时候，来到一个湖边，脑子里又出现了自杀的念头，我还没有来得及控制自己的念头，就已经跳入了湖中。其实我根本不想自杀，但不知道为什么，我控制不住要自杀，这到底是为什么？"

这名患者是一个典型的强迫症患者，强迫症的发病率也是非常高的。我们一定要区分强迫症和强迫现象，强迫现象几乎人人都可能出现，比如每天到了早上八点，强迫自己做什么运动，这就是强迫现象，像上文提到的自杀患者则是强迫症。

目前，强迫症的发病原因还不清楚，但科学家通过大量的临床试验发现了强迫症与遗传、个性和环境的刺激有很大的关系。比如，追求完美、谨小慎微、固执己见等性格容易导致强迫症。临床研究发现，强迫症患者的内分泌功能紊乱，神经递质失衡，由于不能产生足够的神经递质，所以就出现了强迫症状。

一个人一旦患上了强迫症，就会反复问自己同一个问题，直至精疲力竭，他可以一直怀疑一个人，或者一直认为某件事自己是对的。或者，像上面案例中的那个患者一样，强迫自己去做同一件事。洁癖就是强迫症的一种，患有洁癖的人洗手时要洗很多遍，怎么洗都觉得手不干净。

几乎所有的强迫症患者在头脑清醒的时候都知道自己的强迫性行为是毫无必要的，但他们控制不住，因为如果他们不这么做的话，他们就会觉得紧张、恐惧、不安，做了之后情绪才得到抚慰。强迫症患者非常清楚地知道自己之所以产生这样怪异的想法和行为，完全是来自内在的某种东西，并非外界逼自己这样做。

强迫症是可以通过药物来治疗的，但药物治疗必须配合心理治疗才能收到显著的效果。

当你发现自己有了轻微的强迫症状时，一定不要慌张，告诉自己：轻度强迫人人都会有。一旦消除了对强迫症的紧张和害怕情绪，接下来就容易得多了，对待强迫症最好的态度是顺其自然。因为强迫症之所以出现，就在于我们思想和意识的对抗，你越是反抗强迫症，强迫症就越是黏附着你。相反，如果你采取听之任之，根本不把它放在眼里的态度，强迫症最后会慢慢地自动消失。

强迫症就像一个渴望被关注的淘气小孩，它最怕的不是别人打它骂它，你越打它越骂它它越来劲，它最怕的就是别人对它漠不关心。一旦你漠不关心，强迫症会识趣地离开。

强迫症最典型的特征是有意识的自我强迫与有意识的自我反强迫同时存在，换句话说，双方有矛盾斗争，它才会存在。如果一方自动丢掉兵器，另一方也打不起来，所谓一个巴掌拍不响。

心理学家弗洛伊德认为强迫症是由于患者的防御机制不能处理强迫性人格而形成的焦虑，当本我的情欲和攻击本能与超我的自我控制和调节发生矛盾时，自我如果不能用理性机制来调节它们的冲突以及由冲突所引起的焦虑时，就会出现强迫症状。因为本我和超我的冲突在人的潜意识领域，所以自我很难发现它们，但是自我能感觉到莫名其妙的恐慌与焦虑，恐慌与焦虑从意识中分离出来的时候就会出现癔症的表现。如果焦虑被人用理智强制隔离，就会出现强迫症状。

如果你发现自己出现了强迫性联想，比如在网上看到一则不幸的新闻就会联想到这种事情可能发生在自己的身上，并因此引起不必要的紧张和焦虑情绪。那么，你已经有了轻度的强迫症状。

如果你发现自己最近老是回忆过去一些无关紧要的小事，哪怕这些小事并不重要，你却无法克制自己不去想。告诉自己，强迫症可能来了，给自己来个心理疏导吧！

如果你发现自己最近每次出门的时候都要回过头来看看门是不是锁好了，或是经常担心一些不必要的事情。这时你要提醒自己，是不是患了强迫症。

如果你发现自己最近突然变得有些奇怪，老是喜欢问一些类似哲学的问题，比如我为什么存在？我为什么不是别人？那么请注意，这可能是强迫症的症状。

还有一种叫强迫对立思维，也就是说看到一个好的事情，你立即想到了坏的一面。看到快乐两个字，你第一时间想到痛苦；看到天气晴朗，你就会想到过会儿天气可能就会变坏。如果对立思维频繁地出现，这也是强迫症的一个征兆。

克服强迫症首先是要本着顺其自然的态度，不要大惊小怪，自己吓自己。接下来你要告诉自己，强迫症中出现的想法和行为并不能代表你真正的自我，告诉自己那些强迫的想法是毫无意义的，只不过是一种精神疾病。当你不能摆脱强迫性想法时，要学会转移自己的注意力，转移注意力是克服强迫症一个有效的方式。

揭开妄想症的神秘面纱

在了解妄想症之前，我们先来看这样一个心理咨询案例。

李某毕业于国内一所名牌大学的电子技术专业，虽然李某有良好的教育背景，但是他却无法用理智控制头脑里的妄想。李某怀疑妻子对自己不忠，他每天都在想妻子在背叛自己，但他又没有任何证据表明妻子背叛自己，李某为自己的想法痛苦不已。

李某为什么会产生这样的想法呢？这可能跟李某个人的生活经历有关。李某是一个很内向的人，在大学时就不喜欢与人交往。由于交际能力较差，所以李某在结婚之前一直没有谈恋爱，年轻时代只好通过自慰的方式排遣寂寞，由于自慰过度，李某怀疑自己的性能力受到了损害。

结婚之后，李某发现自己时时有力不从心的感觉。李某感觉失望，他觉得自己无法满足妻子，妻子肯定会在外面找男人的。

夫妻俩虽然结婚十年了，也有了小孩，但是婚姻关系并没有改善。李某的妻子非常外向，喜欢在外面交际。有一次，妻子外出参加一个活动，李某给妻子打电话，发现妻子一直没有接电话。李某当时觉得很不对劲，持续给妻子打了一整天电话，妻子都没接。恰好那天晚上妻子很晚回家，回家后说手机没电了，李某不信，怀疑妻子背着自己出轨。

为了证实自己的猜测正确，李某居然向公司请了一周假，特地跟踪妻子。结果一无所获，妻子的交际非常正常，没有发现她有任何出轨的举动。尽管如此，李某却不信，认为只不过是自己没发现而已，没有证据不代表妻子没有出轨。妻子出轨这个念头，在他头脑里已经生根，到最后他觉得根本不需要任何证据，妻子一定是出轨了。

有一天，吃完饭后妻子给他倒了一杯饮料，而自己手中没有饮料。李某积蓄已久的怒火终于爆发，他对妻子咆哮道："你是不是想毒死我，然后跟情夫私奔啊？"

李某是一个典型的妄想症患者，属于轻度的妄想症，他的妄想症主要是由于对自己性能力的不自信而引起的。

妄想症是一种在病理基础上产生的歪曲的信念、病态的推理和判断。它虽然与事实不符，甚至与常理相违背，但是患者却坚信自己是对的，别人无法说服他们，也不能以亲身体验加以纠正。

有的妄想症持续时间非常短暂，有的妄想症却贯穿着一个人的一生，比如获得诺贝尔经济学奖的纳什所患的妄想症就非常严重，妄想症伴随着他一生。

妄想症又可以分为很多类型。

被害妄想。患者相信周围的一些人和某些团伙正在对他进行跟踪和监视，目的是陷害自己，患者甚至怀疑别人会在自己的水和食物中下毒。被害妄想是一种比较严重的妄想症，患者被妄想所折磨，严重的可导致自杀。

关系妄想。患者实际上把跟自己没有关系的人或事情，认为跟自己有关。有的患者甚至认为电视剧里演的是自己的事情，自己就是电视剧里的主人公。有的患者看到街上有人吵架，认为这是冲着自己来的。

特殊意义妄想。患者不但认为周围人的言行举止是针对自己的，甚至还赋予一些正常的事情以特殊的含义。例如，一个患者看到妻子在锅里煮鸡蛋，将鸡蛋翻来翻去，患者会认为这是妻子让自己“滚蛋”。这种特殊意义的妄想都发生在敏感的人身上，或者至少对某个东西敏感。

物理影响妄想。患者认为自己的思想、情感、意志是由外界的神秘力量左右，自己并不能自主。这种类型的妄想症很容易导致精神分裂。

夸大妄想。患者夸大自己的财富、能力和地位，陷入一种虚构的世界中，比如在这个虚构的世界中，妄想者认为自己是一个非常重要的人物。

自罪妄想。患者没有任何根据地认为自己犯下了严重的错误和罪行，甚至认为自己罪大恶极死有余辜。自罪妄想很容易导致精神分裂症。

妄想症的发病机理还不清楚，在临床表现上患者对人缺乏最基本的信赖，别人与之沟通非常困难。妄想症虽然是一种精神疾病，但它出现的原因可能是对自我精神的一种修复。

妄想症患者由于相信自己妄想的东西是真实无疑的，所以他们不会认为自己有精神病，更不会主动去求医。即使在家人的配合下求医，他们一般也不会按照医生所说的去做。妄想症一旦严重，可能会出现杀人或自杀的事情，所以如果有亲戚朋友患上了妄想症，一定要小心看护。

对妄想症的治疗必须药物疗法和心理疗法共同进行，在心理疗法中有一个重要的方法就是社交疗法，因为妄想症的妄想很大程度上是对人的不信任引起的。让他们在社交过程中感觉到人的友好与善良，这对他们康复有好处。在社交疗法中，千万不要让一些凶恶暴躁的人与患者接触，这只会加重患者的病情，让患者更加确信自己妄想的内容真实不虚。

在精神疾病中，还有一些特殊的妄想症是根本无法治疗的，它们的发病机理以现在的科学水平更是无从得知。

比如有一种妄想症叫死亡妄想，这是一种非常罕见的精神病，几乎无法成功医治。患者一旦患上了这个病，就会认为自己已经死了，身体正在腐烂。患者看待世界的眼光全变了，行为举止非常怪异，有的患者甚至不吃不喝，他们认为反正自己已经死了，还要吃喝干吗？

还有一种妄想症叫卡普格拉妄想症（冒充者综合症）。这是一种非常危险的精神病，患者相信身边的亲戚朋友已经被一群危险的陌生人取代，换句话说，在他们眼里，每天生活在一起的亲人全都“变脸”了，不再是以前的亲人。为什么会产生这样的妄想呢？心理学家也不知道原因，只能推测患者的脑部可能受到损伤，以至于在辨认亲人的外貌时出现偏差。一个人一旦患上了这种妄想，生不如死，整天生活在恐惧之中。

还有一种妄想症患者认为自己其实是动物，有的患者认为自己是狼人，到了夜晚就会悄悄地离开城市，跑到荒山野岭中去，因为他们认为那里才是他们的家，只有在大自然中他们才感觉安全。

妄想一旦在头脑里产生，有时候比理性还根深蒂固。当你身边出现妄想症患者时，要友善地与他们沟通，让他们慢慢地放弃妄想，回归到现实理性的层面，千万不能操之过急，妄想者都是情绪非常内敛敏感的人，只能慢慢地进行引导。

躁狂症并不可怕

躁狂症在现代也是一种比较常见的心理疾病，它的发病机理也不清楚，但可以确认的是与遗传、环境和个人经历等因素有关。

躁狂症会出现抑郁情绪，但与抑郁症又有明显的区别。抑郁症患者的动作较少，对人生持有一种悲观和失望的心态。躁狂症患者动作却很多，给人呈现一种躁动不安的感觉。对于躁狂症患者来说，很难找到一种让自己舒服的状态。

躁狂症有三个基本的特征：过多的运动行为；不稳定的情绪，快乐与愤怒的转化非常迅速；思维的转变也非常快。

通常躁狂者都给人精力旺盛的感觉，他们倾向于能量的爆发，但是却很难持久地将注意力集中在一件事情上。躁狂者的行为往往带有一定的癫狂色彩，尽管癫狂，但他们头脑却是非常清楚而理智的，所以与精神分裂者完全不同。

躁狂症患者的情感比一般人要强烈很多，但是持续的时间很短，而且情绪的转化非常迅速。他们可以在一秒钟之内由狂喜转变为暴怒，正因如此，他们的情绪被认为是不稳定的。很多历史人物都是躁狂症患者。

躁狂症患者处于躁狂状态时通常是非常喜悦的，会莫名其妙地觉得心里非常高兴，情绪处于一种高涨的状态。在躁狂状态中，思维会显得特别活跃，说话时也非常兴奋，口若悬河滔滔不绝。处于躁狂状态的人通常会夸大自己的能力、地位，躁狂者很容易被激怒，所以在给躁狂症患者治疗时要非常有耐心。

躁狂症的一些症状跟精神分裂症的症状有些相像，但两者还是有明显区别的。

精神分裂症患者和躁狂症患者都会出现丧失理智的情况，但是精神分裂症患者的狂躁主要是由内在的沉思引起，而躁狂症患者则是由外界的刺激引起。精神分裂症患者一般都不喜欢和外界接触，而躁狂症患者在这方面保持着开放的姿态。

虽然在躁狂中会出现抑郁情绪，但是躁狂症从本质上来说跟抑郁症是完全不同的心理疾病。躁狂症一般最早出现在青春期，此后虽然可能会消失，但是一遇到外界的刺激有可能会反复发作。

躁狂症在中医里面又叫作狂病，中医里将躁狂症与癫痫症并称，两者都有癫狂的色彩，但癫痫症属阴，躁狂症属阳。躁狂症通常跟大怒和惊恐有关，惊怒会触动人的肝火和心火，肝火和心火上升就会惊扰元神，元神受到惊扰后不能自主，因此会出现狂乱现象。

还有一些躁狂症是由于压力导致，这样的躁狂症一般是轻度躁狂，经过一段时间的调理和修复就会康复。但如果没有得到及时的调理和治疗，有可能会加重病情。一般来说，工作压力大很容易让人患上躁狂症，这时候一般人想到的不是进行心理治疗，而是不断地挑战自己，通过更出色的工作成绩来证明自己，也就是人们所说的工作狂的工作状态。

因工作而患有躁狂症的人往往比一般人工作更有效率，也更出色，很容易受到上司的欣赏。但这只是一种错觉，工作出色并不能改变患躁狂症这个事实，在高压力下工作是不可能长久的，而且也是非常危险的一件事，因为你不知道什么时候会崩溃。

对于躁狂症患者最好的心理药方是：凡事不必过于执着，顺其自然地生活。

神经是怎么衰弱的

与前面提到的心理疾病相比，神经衰弱是一种更为普遍的心理疾病。现在我们生活的压力越来越大，竞争异常激烈，方方面面都面临着巨大的压力，神经衰弱出现的频率也越来越高。

神经衰弱是非常普遍的一种心理疾病，它是由于长期在情绪紧张和压力较大的环境下生活和工作所引起的。人的大脑一旦长期处于紧张状态，就会导致大脑的兴奋和抑制功能失调。

神经衰弱的特征是容易兴奋，容易敏感，容易被激怒，常常感觉思维力衰竭，并经常会出现失眠、抑郁、注意力涣散等现象。神经衰弱的发病率非常高，达到了 13% 以上，估计人人都有过神经衰弱的经历，从这个角度来看，神经衰弱是一种与环境关系非常密切的精神疾病，也就是说任何人在特定的环境下都可能出现神经衰弱。

神经衰弱的症状：大脑容易疲劳，经常感觉没有精神，总是觉得大脑反应迟钝，很难集中注意力，记忆力下降，身体也容易感觉疲劳，容易心烦、焦虑和抑郁，有时也会感觉莫名其妙地兴奋，在兴奋状态下回忆和联想，白天很困晚上却睡不着……

我们来看一个案例：

王某，三十五岁，在一个中学里当数学老师。他失眠已经有很长一段时间了，失眠的原因主要是因为工作压力太大。他带的是高三，压力非常大。他失眠在两年前就开始了，那时他是班主任，他带的班级当年在高考中升级率排名最后。之前，他所带的班一直是排名第一第二的，那次的失败让王某感觉压力非常大。压力既有来自学校的，也有来自同学的，还有来自家长的，更重要的是，王某对自己要求很高，他是无法忍受倒数第一的耻辱。

随着王某心理压力越来越大，他明显感觉到自己出现了神经衰弱症状。首先，晚上越来越难以入睡，即使睡着了，也睡得非常浅。第二天早上起来后无精打采，上课的时候经常忘记了怎么解题，还得需要同学的提醒。因为这些原因，王某感觉压力更大，他甚至担心自己有一天可能会失业。作为一个数学老师，如果反应越来越迟钝，肯定是带不好学生的。后来，王某的神经衰弱加剧了，晚上睡觉的时候忍受不了任何轻微的响声，上课时的表现也越来越差。无奈之下，他只好去找心理医生。

王某是一个典型的神经衰弱患者，这种神经衰弱更多的是来自外界的刺激，而非遗传因素。神经衰弱也有遗传的因素，但相对其他心理疾病，遗传因素所占的比重没有那么重要了，因为任何人在长期高压高度紧张的环境下都可能会产生神经衰弱症。

国外心理学家认为神经衰弱是一种情感障碍，自从人类一出现，神经衰弱就伴随着人们。这个观点是对是错姑且不去讨论，毫无疑问的是，现代文明加剧了这种精神疾病。脑力劳动者神经衰弱出现的比例明显高于体力劳动者，所以神经衰弱又被称为是一种文明病。

现代医学认为神经衰弱是由超负荷的脑力和体力劳动引起的，因为人体的脑力和体力一旦超负荷运转，就会导致大脑兴奋和抑制功能紊乱，从而出现各种神经衰弱综合征。

一般说来，神经衰弱可以通过自我的心理调节得到治疗，不一定非要去医院看。当然，如果感觉自己神经衰弱的症状比较严重，最好是找心理医生看看，再配合一定的药物进行治疗。

当你患上神经衰弱症之后，你首先要明白是什么原因导致自己患病的。找到原因之后，才能对症下药。

一般来讲，神经衰弱跟环境的刺激有着密切的关系，在压力大气氛紧张的环境里，人们比较容易患上神经衰弱。如果是因为这个原因的话，那么就应该改善生活和工作的环境，减少与刺激源的接触。比如说，有人在城市里工作和生活，感觉压力太大，患上了神经衰弱，可以请一段时间的假去郊区或者山上的疗养院里修养。如果是因为工作强度太大，可以减少工作量，多注意休息。

很多患上神经衰弱的人除了是因为生活和工作压力太大之外，主要还是由于自己不善于放松，或者说不敢放松，怕一放松就会落后，就会被淘汰。应该放弃这样的想法，这个世界不光只有竞争，再厉害的人面对死亡也一样束手投降。我们不能把生活看成是一个竞技场，而应该看成是一个自然生活的天地。学会放松身心可以有效地治疗神经衰弱，放松的方法有很多，比如听点轻音乐，每天花点时间去散步，做一些自己喜欢的事情。

通过做一些有益的锻炼也可以缓解神经衰弱，比如做脚底按摩、瑜伽和体操等。

现代的生活方式很容易导致神经衰弱，所以对神经衰弱要有预防意识。在日常的生活和工作中，我们要养成心情放松的好习惯，尤其是在面对压力的时候更要保持一种从容的姿态。对自己要有一个清醒的认识，不要过高地估计自己，不要给自己定一些过高的要求，切忌想入非非、杞人忧天，把物质利益看得太重很容易导致神经衰弱。

生活中，以与人为善、顺其自然的态度协调各种人际关系，避免因为人际关系而导致神经衰弱。此外，还要养成一种良好的生活习惯，饮食起居要有规律，工作与休息要张弛有度。

第九章

如何面对工作带来的压力

房子之所以能够住人是因为其中有“空无”，如果房子被塞得满满的，人也就没法住进去了。无用之用有大用，万事万物都是相同的道理。当我们无法容忍生命中有空白，企图用事情让生活装得满满的时候，必然会让生活沉重不堪，使自己像不堪重负的骆驼一样累趴下。

发现工作中的“兴奋点”

现在如果我们还说“干一行爱一行”可能有些不太实际，很多人在做着自己并不感兴趣的工作。如果让他们“干一行爱一行”未免有些强人所难，比较理性的态度是：就算你所干的工作不是你真正的兴趣所在，但是一时半会你又没法找到一个理想的工作，最好是能从你现在做的工作中发现让你感觉快乐的地方，也就是“兴奋点”。

这就好比是看一本书，也许这本书不是你最喜欢看的那种类型，但这本书中肯定也有你喜欢的章节和片段。在一份工作中发现它快乐和可爱的地方，能够帮助人们忍受其他枯燥乏味的部分。

人与工作的关系就好比是情侣之间的关系，如果你看着它讨厌，它看着你也讨厌，双方越来越讨厌彼此，最后工作就会变成你的痛苦之源。但如果你换一个角度来看，可能结果完全不一样。好比你的女朋友虽然不漂亮，也不是很聪明，但如果你能发现她很善良，也很体贴，或许你就会越来越喜欢她，你们的关系也会越来越好。

工作也是这样，任何一份工作都有可取之处，关键要用一种理性的态度来对待。一边做一份工作，一边抱怨这份工作非常无聊、非常讨厌，这是一种非常糟糕的态度。

有一个非常成功的连锁药店企业家查尔斯·沃尔格林。刚开始创业的时候，沃尔格林不过是一间小药店的店主。那时的沃尔格林跟现在很多年轻人的想法一样，觉得自己的工作非常无趣，生意很平淡，看不到希望。沃尔格林有满腔的抱负，很希望自己能做出一番大事业，不甘心在这个小药店中终老。

由于药店业绩平平，沃尔格林对药店的生意也不闻不问，一心一意在想：如果能找到一个好项目，轰轰烈烈地干一把就好了。经过痛苦的思想折磨，沃尔格林终于想通了一个道理：我为什么一定要把出人头地的希望寄托在那些我不懂的行业上面呢？药店这一块我很熟悉，为什么就不能干出一番大事呢？其实，经营药店这个工作也挺有意思的，每天都可以接触各种各样的人，如果我用心跟顾客交流，怎么就不能干出一番大事业呢？

想通了之后，沃尔格林的心态完全变了。他不再怀着以前那种好高骛远的心态，而是扎扎实实地工作，从工作中发现快乐，不知不觉中，药店的业绩越来越好，后来他开的分店遍布全国。

沃尔格林没有太多秘诀，只有很简单的一条，就是在工作中发现快乐。

很多工作是枯燥无味的，这个我们不得不承认，但是枯燥中也有快乐，关键在于我们是不是能够发现其中的快乐。有时候，一份工作究竟是快乐还是折磨并不是取决于这个工作的性质，而是取决于工作者的心态。

钢铁大王卡内基说过这样的话："如果一个人不能在他的工作中找出点罗曼蒂克来，这不能怪罪于工作本身，只能归咎于做这项工作的人。”

把工作当成苦役的员工一定不是好员工，成功的人都把工作看成快乐的源泉。如果一份工作确实困难，在工作中你应该多给自己一些积极的心理暗示：工作如同登山，爬的山多了，各项爬山本领自然都具备了，困难也就不再是困难。

伯利恒钢铁公司的总经理施瓦伯说过：“一个人从事任何工作都可以成功，只要他对于自己所做的那件事具有真正的热忱、浓厚的兴趣，并且还能比别人多一些思考，那么即使经受再多的苦难也在所不惜。那些只坐着不动，听任别人指挥的人，是干不出什么大事业的。”

由此可见，从工作中找到自己的激情是多么重要的一件事。当然，工作不是游戏，不是玩耍，在工作中肯定会有很多辛苦和困难。如果一份工作就像打游戏一样轻松，这就不叫工作了。善于工作的人都是善于在苦中作乐的人，如果没有这种精神，一个人很难发现工作中吸引人的地方。

每一个工作的人都应该明白，你与你所做的工作其实是一种“情侣”关系。你讨厌手中的工作是绝对不可能把工作做好的，即使这个工作你不满意，就好比找了一个不怎么满意的女朋友或是男朋友，也没关系，只要跟它在一起，你就要学会发现它的长处。喜欢它，然后才能做好它。

享受自我超越的快感

如果一个人的工作如同一潭死水，他始终停滞不前，始终不能超越自己，最后会逐渐失去对工作的激情，变得懒散，没有追求，得过且过。

很多人一辈子一事无成，就是因为他们没有自我超越的精神。人如果安于现状，就会变得不思进取。不思进取的人会让时间在毫无意义中度过，当一个人把大部分时间花在吃喝享乐上面，很难想象这样的人能在工作和生活中成为优秀的人。

任何一个优秀的人都是从战胜自己的缺点开始进步的，这本身就是一个自我超越的过程。只要是人，就会有许许多多的弱点，如果一个人敢于超越自我，战胜人性的弱点的话，他一定可以成为一个更出色的人，可以完成更大的事业。

一个人存在着两个方面的自我超越，一个是在工作中自我超越，也就是在工作中不断地提升自己的能力，让工作变得更加完美；另一个就是素质方面的自我超越，工作能力的提升有助于我们提高自身的素质。成功之人大多拥有良好的身体和心理素质，他们之所以能够把工作做得非常出色，很大程度上跟自己良好的心理素质有关。

在工作中，不要让自己满足于已有的成就，当你觉得自己的本领到此为止的时候，你永远也无法知道自己其实可以做得更好。在实际工作中，要想超越自己，就要给自己树立目标。有了明确的目标，你才知道应该如何提高自己。

挑战自己，不是为了跟自己过不去，而是为了更好地发挥自己的能力。无论是在生活还是工作中，我们都不应该给自己设限。超越自己可以让一个人建立起更强大的自信，成功的人都是在不断超越自己的过程中变得强大的。

每个人都有过梦想，但为何只有少数人才能实现梦想？

那些成功的人为了实现理想不断地进行着自我超越，对于他们来说，阻碍自己进步的最大阻力不是来自别人，恰恰是来自自己。

钢铁大王卡内基就是这样一个永不满足、不断自我超越的创业英雄。他原本不过是来自苏格兰的一个贫穷的移民，来到美国后，卡内基小小年纪就开始干各种各样的工作。为了提升自己，超越自我，改变命运，卡内基白天干十几个小时的活，晚上去夜校学习。十四岁的时候，卡内基为了得到匹兹堡大卫电报公司信差的工作，对公司承诺，说自己一个星期之内就可以记熟全城的线路。公司决定让他试试，没想到这个十四岁的少年果然说到做到。卡内基以优异的工作成绩得到了公司的赏识。

卡内基在大卫电报公司的出色表现很快引起了业内的关注，十八岁时，宾夕法尼亚铁路公司西部管区主任考斯特看中了卡内基，聘请他当私人电报师和秘书，月薪三十五美元，这在当时可是一笔很大的数目。卡内基之所以能够得到别人的赏识，跟他强烈的上进心是分不开的；他之所以那么年轻就比别人更优秀，这跟他的个人素质也是分不开的，他是一个不断进行自我超越的人。

哪怕是在他建立了一个钢铁帝国之后，也是如此。到了晚年，卡内基捐出了自己所有的财富，并说："一个有钱人如果到死还非常有钱，那就是一件可耻的事情。"其实这也是一种自我超越，这是一种从物质到精神的自我超越。相比之下，这种超越比在工作中自我超越更困难，也更难得。

苹果创始人乔布斯也是自我超越的英雄，他的成功就是由一连串的自我超越完成的。在斯坦福大学的演讲中，乔布斯告诉学生们一个深刻的道理："求知若渴，虚心若愚。"其实说白了，就是要大家永远不要满足于现状，要永远努力学习更多的知识，为此要保持虚心的姿态，只有这样才能不断超越自己，成就非凡的自我。

自我超越的过程是一个充满痛苦与快乐的过程，忍受痛苦、享受快乐，保持旺盛的斗志，不断地攀登人生的最高峰。只站在山脚下，望着高山，想象自己如何登上高山的人是永远不可能登上高山的；要想攀登高山，就必须开始行动。自我超越也是这样，永远不要让它停留在想象的阶段，有目标一定要付诸行动。

按时下班劳逸结合

一些公司里会有一个非常有意思的现象，那就是到时间之后大家都不下班，哪怕手头的工作已经完成了，也全都坐在办公室里。为什么会出现这种现象？这可能跟公司的思维有关，一些上司就欣赏那种喜欢赖在办公室里的人，最后很多人投其所好，或者怕自己成为领导眼中的不积极员工，下班之后也赖在办公室里，直到领导走了才敢走。但这样的员工一定不是好员工，欣赏这样员工的领导一定也不是好领导。

工作是干吗的？工作不是用来做做样子，给别人看的，不是每天比别人多花一个小时在工作上面，好让领导觉得我很努力工作，其实什么都没干，就在那里做样子。真正的工作是做事情，做出更多更好的事情，拿到更多的报酬。好的管理者更加看重工作效率，如果他们看到一个人一天比别人多花几个小时在工作上面，结果却比大多数人做得还差，这种人可能会被炒掉。

缓解工作压力要做的第一件事就是按时下班，你当天的任务完成了，就不要加入与别人的心理斗争中。很多人想通过拖延下班时间的方式讨好上司，这是一种非常糟糕的思维。一个真正想在职场获得成功的人千万不可抱有这样的想法，一旦产生这样的想法，势必会影响心态，进而影响工作，甚至给自己制造不必要的压力。

没有必要加班的时候就不要加班，如果确实这段时间任务重，那么根据公司的需要，可以适度加班。同时要记住，工作重要，身体更重要，身体才是革命的本钱。没有身体，一个人什么工作都干不了，但没有了工作，还可以重新再找一个。

很多工作狂为了工作不惜失去健康，这是非常不明智的。要想让生活和谐，必须做到张弛有度，各方面都协调，尤其是工作与生活，这两者不应该是一种对立的关系。因为工作固然重要，但不是全部，一个人应该还有业余休闲和心灵追求。

不懂休息的人就像上紧的发条，迟早有一天会停下来，为了可持续工作，我们必须珍惜自己的健康。工作时用最有效率的方式工作，休息时全身心地放松，只有这样，在工作中才能经常保持旺盛的精力。如果一个人工作时不好好工作，休息时又不好好休息，那就全都搞反了。最后是工作也做不好，休息也没休息好。

石油大王洛克菲勒有一个习惯，就是每天坚持睡午觉，在他睡午觉的时候就是总统给他打电话也不接。睡午觉是他保持精力的一个好办法。

现代人的大脑时刻在运转，得不到很好的休息，哪怕是在睡眠中，也做着各种各样的噩梦。这样一来，大脑就很容易疲劳。如果一个人时刻靠用大脑的意识去思考问题的话，就会变得过度小心谨慎、容易焦虑。

人不是机器，不能一直处于高速运转中；其实即使是机器，也不能一直开着。机器都要休息，何况是人呢？

《羊皮卷》中记载着这样一个故事，发人深省。

一天，拉比看见一个人行色匆匆地赶路，便叫住他，问道："你到底在赶什么？"

"我在赶生活。"那人头也不回气喘吁吁地说。

拉比说道："你怎么知道生活一定在你前面呢？你连生活都不知道在哪儿，就拼命地往前追赶。你为什么不停下来看看四周呢？然后问问生活究竟在哪儿！说不定生活正在后面追赶着你呢！只要你安静下来，生活就会与你会合。可是你跑得这么快，这哪里像是追赶生活，倒像是逃离生活。"

拉比的话非常深刻，现代人拼命工作就好像那个人拼命往前跑一样，往前跑真的能找到你想要的东西吗？生活难道有钱就够了？生活难道只容得下工作？

犹太人中有很多拼命赚钱的商人，但即便如此，每到周六，他们也会放下一切的工作，停止吸烟喝酒，抛开一切杂念，全身心地投入祷告上帝的活动之中。这个祷告的过程其实就是一个休息的过程，在这个过程中，他们全身心地放松。等到下个星期来临的时候，他们又开始兴致勃勃地赚钱。

为什么不做工作狂

现在工作狂是越来越多了，这一点都不奇怪，当人们失去内在世界无法让自己心安的时候，物质就成了最后的救命稻草，获得物质等于获得了自信和安全感。如何能成功地获取物质的保障呢？人们认为最好的方式就是拼命赚钱，于是大家都在努力成为一个工作狂，希望有朝一日有房有车有钞票，走到天涯海角都不怕。

其实这样的想法一点都不奇怪，人的思想是受环境影响的。不过，大家都知道，人有人性，上天并不是为了让人成为工作的机器才造人。物质可以把人异化，工作同样可以让人失去本性。本来一个人是有喜怒哀乐的，会对很多事情感兴趣，也需要亲情、爱情和友情。但在工作狂眼里，这些东西价值都不大，只有工作、只有金钱才是最宝贵的东西。

在中国古书里记载着一个很有意思的荒诞故事。

话说有一个人，半夜里抓住了一只鬼。第二天，他便把这只鬼拿到集市上去卖。看到有人卖鬼，很多人就过来凑热闹，大家对着这只鬼指手画脚，但没人敢买，一来大家怕鬼，二来这只鬼价钱太高了。

这时候，一个地主走了过来，问卖鬼的人："你这只鬼多少钱？"

卖鬼人说道："三百两银子。"

地主："你这只鬼未免太贵了吧！"

卖鬼人说道："贵是贵了点，但是我这只鬼很稀有。它特别能干活，什么活儿都会干，只要主人一吩咐，它什么都能干好，而且速度相当快。这一只鬼的工作量相当于一百个人啊！你说这个价钱值不值啊？你买回去以后，不用几个月的时间就可以赚回成本，一年时间就可以成为一个大财主。"

地主是个精明人，问道："既然这只鬼这么好，你干吗要拿出来卖啊，留着自己用不是更好吗？"

卖鬼人说："不瞒你说，我这只鬼有个毛病。它只要一工作，就永远停不下来，它不需要休息也不需要睡觉。所以你必须不断地给它事情做，一旦没有事情做，它就自己找事情，搞不好会搞破坏。我家里哪有那么多事情啊？所以我不敢用这只鬼，怕它没事做搞破坏。"

地主心想，我有三百亩的地，每年都要雇两百多个人干活，如果这只鬼真这么能干，我倒不怕没事情让它做，我还怕它偷懒呢！地主说道："这只鬼这么勤快，这哪是缺点，这是最大的优点啊！"

地主把鬼带回去后，立即让鬼干活，他发现这只鬼比卖鬼人说的还要厉害，无论什么活儿都会干，而且很快就干好了。让它盖房子，它一天就能盖好，让它种地，一天它能种一百亩。鬼不但会干活，而且不能闲着。地主看到这只鬼这么能干，就把所有的长工和短工都辞退，连拉磨的驴也给宰了，反正什么都可以交给鬼干。

很快，地主就成为方圆百里的大财主。与此同时，地主的压力也越来越大。什么压力呢？他必须要不断地给鬼安排事情做，鬼做事非常快。到后来地主是绞尽脑汁想事情让鬼做，正事没有了，地主就让鬼挖池塘或者画画。总之任何想得出来的事情都可以让鬼干，可惜这只鬼干的速度非常快。

到后来，地主累趴下了，因为他要不断地想事情让鬼做，心力憔悴，终于撑不住，累倒了。

地主累倒了之后，鬼茫然了，不知道该干吗。既然主人没有吩咐，那它就开始自己找事情做了。它首先把主人的房子拆了，接着把牲口全都杀了，还把地里的庄稼全部毁坏。这一切都做完了之后，鬼无事可干，看到地主的儿子，竟然把地主的儿子放进锅里面煮。

等地主醒来，看到这一切时，差点气得一命呜呼，愤然说道："原来永远不停地工作真的是一个可怕的缺点啊！"

这个故事虽然荒诞，但非常有意思，寓意也很深刻，它告诉人们一个道理：工作狂恐怕没有那么好。拼命赚钱、拼命工作的过程可以得到金钱，但这也是一个不断失去的过程，失去的是人与人之间融洽的关系，失去的是与家人、朋友之间亲密的感情。

很多人已经意识到这样一个问题，提倡不要把工作带回家里。以前很多人为了显示自己工作认真敬业，回家以后也要谈工作，或者电话不停地打着，说的都是关于工作的事情。现在人们的思想正在发生一些改变，因为很多人发现，如果上班的时候脑子里全是工作，回家之后还全是工作，那么将活得非常枯燥乏味。

回家之后就应该回到自己的角色，如果你是一个丈夫，就回到丈夫的角色，如果是一个妻子，就回到妻子的角色，如果是一个儿子就回到儿子的角色，不要再扮演工作中的角色。

我们不得不承认，确实有很多工作狂是真的喜欢工作，并不是谁逼他们这么做，甚至他们也不是为了赚钱，仅仅是因为工作让他们觉得快乐兴奋。这种类型的工作狂比那些为了赚钱的工作狂要幸运很多，但我们也不主张为了工作而舍弃其他的事情。有时间陪陪家人、陪陪爱人也是非常重要的事情，不能因为工作而忽略了亲情、爱情和友情，更不能为了工作置自己的健康于不顾。

网络上有一个大学老师因过于操劳患上了癌症，辞世之前他在日记中写道："在生死临界点的时候，你会发现，任何的加班和熬夜都等于慢性自杀。给自己太多的压力，买房买车的需求，这些都是浮云。如果有时间，好好陪陪你的孩子，把买车的钱给父母买衣服买鞋子。不要用自己的命去换什么大房子，和相爱的人在一起，蜗居也幸福。"

很多职场成功人士最引以为自豪的是"忙"，手机永远在响，一天可以飞好几个城市，每天要工作十几个小时，不工作的时候也是在陪客户吃饭。很多人看到这种生活别提有多羡慕，但其实他们也有自己的痛苦。任何东西都是要付出代价的，但是过度透支生命的代价则非常不可取。

学会平衡——让生活留有空白

“慢生活”是现在越来越流行的一种生活方式,大家有“慢生活”的意识说明我们的生活节奏太快了。古人的生活节奏非常慢，他们不可能有“慢生活”的意识，相反他们觉得时间太多了，不知如何打发。

生活太快了不好，太慢了也不好。太快了我们无法体会生活的滋味，太慢了人会懈怠懒散，最好做到张弛有度。

工作的目的是让生活更好，如果工作非但不能让你生活更好，反而让你更痛苦更劳累，这时候你就应该反省了。时刻牢记，你拼命工作是为了提高生活的质量，而不是降低生活的质量。

善于平衡工作与生活的关系，这样一个人才能真正拥有高质量的生活。

一个人精力有限，当然希望能赚更多的钱，同时也有更多的时间享受生活，但鱼与熊掌不可兼得。不过，我们还是可以找到一些方法，既可以提高工作效率，也能让我们有更多的精力去做我们喜欢的事情。

记住，适度的运动始终是提升一个人体能和精力的好办法。要想成为一个职场达人，没有旺盛的精力是不行的。要想有旺盛的精力，最好每天都坚持锻炼。锻炼要适度，选择你擅长的运动方式。

如果有时间的话，每天可以让自己适当地小睡一会儿。千万不要小看小睡，小睡是恢复体能的有效方式。很多成功的人都有小睡的习惯，艾森豪威尔、爱因斯坦这些人都习惯小睡。因为工作太繁重了，大脑负担太重，这时候全身放松，在椅子上眯一会儿效果非常好。

另外，每天最好给自己十分钟到一个小时的止观时间，何谓止观？就是放下一切思虑，万事不放在心上，任由心神遨游。这是一种非常好的放松方式，也就是庄子所谓的“坐忘”。

到了放假的时候，如果公司没有特殊的需要，最好不要加班。这时候是你发挥自己兴趣爱好的时候了，做你自己喜欢做的事情吧！如果你喜欢爬山就去爬山，如果想去旅游不妨去旅游，喜欢看书就看书，喜欢玩游戏就玩游戏。

摇滚乐手约翰·列侬说：“当我们为生活疲于奔命的时候，生活已经离我们而去。”

也许你会说：我也不想这么忙，可是工作压力实在太大了，不忙不行，不忙的话一家老小就得喝西北风了。如果是这样的话，那尽量做到“人忙心不忙”，一有时间，哪怕只有短短的一刻，也要让自己闲下来，好好呼吸一下新鲜空气。

即使是在忙中也可以偷闲，闲适之后，工作起来心态才能更轻松。一个人如果每天的日程表都排得满满的，那么这个人活得也太没意思了。生活装得满满的，就好像心里也装得满满的一样，会让一个人感觉窒息。

房子之所以能够住人是因为其中有“空无”，如果房子被塞得满满的，人也就没法住进去了。无用之用有大用，万事万物都是相同的道理。当我们无法容忍生命中有空白，企图用事情让生活装得满满的时候，必然会让生活沉重不堪，使自己像不堪重负的骆驼一样累趴下。

不要匆匆赶路，那样的人看不到路边的风景。不要用金钱去衡量幸福，金钱根本承载不起太多的幸福。只有心灵才能承载幸福，如果想让心灵接纳幸福，就必须给心灵足够多的空间。

忘我是一种好习惯

一切以自我为中心是一件非常可怕的事情，因为这会让你对外界反应更为剧烈。一件小事放到一个以自我为中心的人身上可能就是一件大事，以自我为中心的人习惯放大自我。

佛教有一种思想，认为人的主要烦恼来自“我执”，所以学佛的人最要紧的是做到无我相，也就是我心中无我，也就没有烦恼了。人如果不把自己看得那么重，确实会活得轻松快乐很多。过于自我的人会格外敏感，而且极易误解别人的意思。

人无我才会心自在，过于执着会处处不自在。在人与人交往的过程中，以自我为中心是一个非常大的障碍。你只有多关心别人，对别人感兴趣，交流才会更有效果。

要想破除自我中心主义，最重要的是要有一颗平常心，知道自己和别人一样，都是普通人，不存在真正意义上的高下之分。

一个成功的企业家一定有很强的自我,但自我一定要被超越，而达到无我的境界，这才是真正意义上的成功。在金庸小说里也多次地描写到这种无我的境界，比如风清扬就达到了这种境界，无招胜有招，武功臻于化境。

很多人做不到忘我，更做不到无我。这都是因为把自己看得过重，以自我为中心的人常常觉得自己是别人关注的中心，其实事实并不是这样。别人不会像你想象的那样关注你。

过于看重自我的人很难与人建立良好的合作关系，做到忘我在为人处世上才能潇洒自如。

第十章

如何看待男女之间的事情

心理学家研究发现，其实人最理想的伴侣不是白富美或是高富帅，而是与自己相似的伴侣。换句话说，我们找的最好是相近的人，而不是比我们优秀得太多的人。外表漂亮的人通常会选择外表漂亮的人，有钱的人通常会选择有钱的人，有权的人会选择有权的人。

爱情中，物以类聚的道理是不错的，性格和气质相似的人更容易成为伴侣，因为相似性会产生满足感。但为什么有些性情完全对立的人也会走到一起呢？郭靖和黄蓉完全是两种人，但他们也可以相处得非常融洽。这是什么原因呢？

人人都需要亲密关系

两性吸引是大自然亘古不变的法则，人与动物的不同之处在于人不只是“食色，性也”，人还需要归宿感。这种归宿感来自人与人之间的亲密关系，与他人建立持续稳定的亲密关系是人的一种需要。

人为什么需要亲密关系呢？因为在进化过程中，人与人之间只有相互依赖、相互合作才能生存下来，尤其是在狩猎和采集之中，不能没有亲密的合作。男女之间更是如此，如果没有男女之间的亲密关系，人类根本不可能繁衍至今。

人是一种社会性动物，当与社会脱离时就会感觉到内心慌乱。每个人都渴望被接纳和被爱，这是对亲密关系的需要，因为只有这样才会让我们有安全感。这就是为什么人在被拒绝、被冷落之时会产生不愉快的情绪的原因。

当一个人拥有亲密关系之时，会活得更加健康和快乐。相反，如果被人排斥和拒绝，人们会感觉到抑郁、焦虑，感觉情感受到伤害。在亲人和爱人之间，如果用沉默的态度对待对方，在对方看来这就是一种虐待，这种冷战往往比当面指责更让他们痛苦。情感虐待最容易让人感觉到沮丧和悲哀。

有人给一些参加心理测试的人做实验，根据结果告诉他们是很容易被人接纳的人，或是注定一辈子孤独的人。然后发现，那些被告知注定一辈子孤独的人心态变得更坏，他们的社会排斥感被诱发。在之后的测试中，他们自暴自弃的行为增多了，而且更有可能对曾经得罪过自己的人产生怨恨，甚至一点小小的挫折都会让他们产生攻击行为。

心理学家们还发现：即使是在虚拟的世界里，比如网络游戏里，一个人被对方拒绝，也会产生不愉快的情绪，引起挫折感。

心理学家们还做过这样一个实验，五个心理学家中的四个约好，某天对其中一个不理不睬，看看会发生什么事情。没想到，那个不被理睬的人立即感觉到了压力。最开始他们只是觉得这个游戏好玩，后来却发现，模拟的排斥处境也会导致彼此之间的不愉快，甚至增加彼此工作中的障碍。

总而言之，亲密关系是人类内心深处根深蒂固的需求。从这个意义上来看，人是一种非常脆弱的动物，对于情感和他人的认可十分依赖。当然，由亲密关系延伸开去看的话，不单爱情、亲情，还有友情，或是其他友好善良又亲近的关系，人类都非常需要。

爱情是如何产生的

爱有两种，一种是大爱，另一种是小爱。爱情属于小爱，因为人的爱情是自私的。

人们对于爱情一直充满着美好的幻想，但事实上真正遇上真爱的人少之又少，大多数时候跟我们在一起的人未必是我们最喜欢的人。所以，人们常常充满了矛盾，渴望爱情却得不到理想的爱情，渴望完美但发现现实处处是残缺。

很多人或许会好奇：到底是什么原因让一个人喜欢或是爱上另一个人呢?

这是一个非常复杂的问题，首先人的距离要接近。你只有与对方接近才能产生爱情，如果离得远远的，那是没法产生爱情的，只能算是暗恋了。

当然，我们也必须承认这样一个事实，也就是说人与人的接近不但可以产生喜欢，也可能产生厌恶。大多数的暴力事件或谋杀事件都是发生在关系比较近的人之间，如果两个人本来不认识，一般也很难产生恶性冲突。

社会学家的研究表明，大多数人的婚姻是那些和他们住在同一个地方的人，或是在同一个公司里工作的人，或是以前的同学。也就是说，你的婚姻对象最有可能是你熟悉的，离你距离近的人。爱上陌生人的概率是比较低的。

距离是影响两个人情感的关键性因素，当然地理上的距离也不是最重要的，最重要的是心理上的距离、关系上的距离。人们互相接近之后，更容易发现彼此之间的共同点，并通过互相交往而产生互动。

每个人对爱情都有幻想，这种幻想本身就会刺激了解与交往的欲望。如果一对男女，在交往之后，发现彼此能够互相欣赏，这时候他们产生爱情的基础就已经诞生了。如果缘分容许的话，就会迸发出爱情的火花。

不过，在现实生活中，感情是非常容易破碎的，尤其是在现实中，诱惑太多，且很多时候人们都希望在爱情中索取，而不是付出，久而久之便会出现矛盾。

人类本性是自私的，人很难忘掉自我。对于每个人来说，他们希望周遭的一切都服务于自我。人与人之间的关系也是这样的，一个人可能在生活中作出非常谦虚的姿态，但这并不代表他真的就忘了自己，真的就把别人看得很重。男女之间的感情也是这样，无论男女实际上都希望自己在爱情中得到更多。

对爱情期望过高也是导致爱情更容易破碎的一个原因，很多恋爱中的男女总是希望对方没有缺点，同时又希望对方能容忍自己的缺点。从根本上来说，这是一种自私的思维习惯。如果这种情况严重的话，就会出现一种结果，一方觉得另一方根本不在乎自己，只在乎个人的感觉，从而对爱情产生怀疑。

爱情本身就是一个矛盾。首先爱情是自私的，爱一个人就是希望这个人成为自己的一部分。如果两个人都占有欲强，必然会产生冲突。若一方在爱情中宁愿付出，但倘若另一方没有意识到这种付出的话，也会打击对方的爱情积极性。

遇到真正的爱情是非常困难的，所以有很多人往往根据现实便利来选择婚姻对象。婚姻好比是一个目的地，要到达这个目的地，你可以选择很多不同的交通方式，可以步行，也可以骑车，还可以坐车，甚至可以自己开车，或者跑步过去也行。你选择的方式不一定是你最喜欢的方式，比如说你最喜欢骑车，但觉得骑车花的时间过长，所以就搭车过去。

对于不少人来说，婚姻和爱情也是可以分开的，因为这些人不相信爱情真的可以持久。杨过与小龙女这样的神仙眷侣只可能出现在小说中。确实如此，现实中绝对完美的爱情很难找到。

很多时候，我们所遇到的爱情可能都会有这样那样的问题。所以，对于爱情就应该保持一种更理性的态度，不要过于执着，不要把爱情想得太完美。用心去爱，但是不要太计较结果。假如你爱上的人不爱你，要告诉自己，单相思没有意义。

凡事看淡一点想开一点，爱情的痛苦就会少很多。

外表很重要吗

外表很重要吗？要回答这个问题，我们不必诉诸理论，问问你自己，你是否在乎对方的外表？答案很明显，在爱情中，外表确实很重要。虽然外表只是表象，并不是本质性的东西，但是人们很容易被外表迷惑。

伊索说："我们应该更注重心灵，而不是外表。"真正能做到忽视外表需要有着极高修养，智者当然不会被外表迷惑，智者告诉人们，不可以通过一本书的封面去判断一本书的好坏，但是一般人根本做不到。

肤浅的人，甚至把外表看成是爱情中的决定性因素。确实，美好的外表会让人产生愉悦感。爱美之心人皆有之。在两性交往中，女人的外表往往比男人更重要，美貌的女人更容易得到爱情。男人也是如此，但外表对男人的影响要小许多。罗素说："从整体上看，女人倾向于因性格而爱上男人，男人则倾向于因外表而爱上女人。"

虽然人人都爱漂亮的外表，但是这个世界还是长相平凡的人居多，不是每个人都有机会与一个漂亮的人厮守终生的。心理学家的研究表明，人们一般习惯于跟自己拥有同等外表吸引力的人结为伴侣。这种现象又称为匹配现象，匹配现象不仅存在于外表上，还存在于智力与财力上，这就类似于古人所谓的"门当户对"。

例如，一位女士有三个追求者，第一个追求者比自己差很多，第二个追求者跟自己各方面条件差不多，第三个追求者比自己条件高出很多。女方一般会选择第二个追求者，这是一种心理现象，因为只有选择与自己匹配的人，婚姻才会更稳固。选择条件比自己高的，固然对方能给自己提供更好的条件，但婚姻的风险会加大。

我们有时会发现，生活中有很多美女没有选择帅哥，反而选择相貌平庸的人。这是否违反了匹配现象呢？其实并不违反，美女选择相貌平庸的人，那么这个人一定会有其他的优点弥补相貌的不足，可能他很有钱，或者人非常好，愿意迁就女方。

在心理学家弗洛姆的眼里，爱情只不过是一种交换，他的看法虽然现实了点，但确实是非常深刻的。弗洛姆说："爱情只不过是一种让双方感到满意的交换，双方在权衡了各自的价值后，都得到了自己所期望的大多数东西。"

研究者发现，不光是成人喜欢有吸引力的外表，就是小孩也喜欢有吸引力的外表，甚至连几个月的婴儿也更喜欢注视有吸引力的外表。成人对儿童也是如此，成人都喜欢长得可爱的孩子，那些长相一般的孩子受到的关注度明显低于那些长相可爱的孩子。

人们总习惯于把漂亮的人想象得更优秀，虽然事实情况并不是这样，但人们已经形成了这种心理习惯，认为美的就是好的。心理学家称这种现象为"外表吸引力刻板印象"，对这种现象，古往今来的智者都认为是一种不智。

托尔斯泰说："认为美就是善，其实这完全是一种错觉。"老子说："信言不美，美言不信。"这些智者都强调美的东西未必是好的，更未必是真实的。

尽管这些智者认为美貌是一种肤浅的东西，但是我们又不能不承认，在当今社会，美貌确实是一种财富。长得漂亮固然是好，但是也会带来许多麻烦，长得漂亮的人比一般人更容易受到性骚扰，也更容易遭到同性的排斥和嫉妒。

正所谓凡事有得必有失，只要有良好的心态，完全不必羡慕那些长得漂亮的人。很多伟大人物、天才人物都是长相一般的人，因为长相一般，所以他们面临的诱惑也少，这样才能静下心来做自己想做的事情。

什么样的人有吸引力

你可以把吸引力说成是"高富帅",也可以把吸引力形容为"白富美",但这些都不能说明吸引力的本质。五官比例、三围多少能不能准确地反映一个女人的吸引力?要回答这个问题,我们首先必须明白,美的观念并不是一成不变的,不同时代有不同的审美观念,不同的地区对于美也有不同的理解。

譬如,唐朝女人以丰满为美,宋朝女人以柔弱为美。尽管美有很大的主观性,但一些心理学家还是认为,关于美和吸引力的认知仍然存在着普遍的共性。

心理学家们通过研究发现,吸引力跟生殖力之间有着奇妙的联系。研究表明,男性希望女性在外表方面有一定的吸引力,而女性更希望男人拥有地位和财富,两性的共同点是:都希望对方是个有爱心并且聪明的人。

生殖力不单单是性能力,对于男性来说,财富也是生殖力的一种。如果一个男人很穷,在女人看来就是无法养活子女的男人,即使他性能力很强,吸引力也要大打折扣。而掌握权力意味着掌握更多的资源,可以给女人及孩子提供更好的物质条件,所以拥有权力的男人在女人看来是有一定魅力的。

男性认为腰部比臀部窄 30% 的女性最有吸引力,进化心理学家发现，这种腰臀比例的女性生殖力最强。凡是那些削弱女性生殖力的外貌特征都会减损女性的吸引力，比如臀部扁平，胸部过大或过小，男人都不喜欢。女性也喜欢上述腰臀比例的男性，因为在她们看来这样的男性更有活力。

在原始社会，一个肌肉发达的男人肯定要比骨瘦如柴的男人更有可能获得食物和建造房子，换句话说，这样的男人更能够给女人安全感，因此具有性吸引力。然而随着社会的进化，女人更喜欢收入高的男性，而不是肌肉发达的男性。

吸引力有生物学的一面，也有社会学的一面。有的吸引力来自一个人的身体，有的吸引力来自一个人的地位和素质。不过，吸引力这东西跟其他的东西一样，也有很大的相对性，换句话说，一个长相比较好的人在一个长相非常好的人面前顿时就会暗淡不少，吸引力大减。一个比较成功的人，比如说一个普通饭店的老板，在一个成功的名人如马化腾面前，他身上的成功魅力几乎荡然无存。

所以我们也不要太把吸引力这东西当回事，一山更比一山高，没有谁是绝对有吸引力的，也没有谁是绝对没有吸引力的。

外表的吸引力更不可靠，因为每个人都会老去。你无法从一个十八岁的漂亮女孩身上断定她三十岁还这么有魅力，因为时间可以磨损一个人的魅力，更可以削弱一个人的气质。外表没有我们想象得那么重要，一个小伙子虽然相貌平平，但如果他是一个热情乐观的人，那么他中年之后也会比那些年轻时帅的人更有魅力。

因此，我们要综合地认知自己。不要让自己过多地受到外表或外在事物的影响，我们可以学会更好地完善自己，积极向上，成为聪明、幽默、有内涵的人，这样一来，我们也会变得富有魅力。

失恋了该怎么办

失恋这种事情实在是太普遍了，虽然每一个失恋的人都觉得自己非常痛苦，但是我们始终要明白一个道理：这个世界每时每刻都有许许多多的人在失恋。既然失恋这么普遍，我们有什么理由感觉失恋就像天塌了下来，或是一下子世界变得灰暗了呢？

爱情有非常迷人的一面。这就是为什么人们在得到它时会非常快乐，而失去它时感觉撕心裂肺。不管男人还是女人，只要经历失恋，都会面临痛苦，甚至人生观的改变。

一个人在失恋的时候，特别是初恋的失去，往往感觉就像被世界抛弃了一样。这种被遗弃感会改变一个人的心态，让他们从此不相信爱情，不相信美好的梦想，只相信现实。

如果读者朋友你正在经历失恋的痛苦，那么你一定要注意了，不要让失恋影响到你生活的其他方面。失恋就好比人生的一次小地震，尽量让它的危害缩减到最小吧！

热恋之时爱情是一种甜蜜的享受，分手之时爱情残酷如刀割。一个人要想在感情中尽量少受伤害，最好的办法就是了解爱情，知道爱情是两个人共同的选择，不能勉强，也不能强求。

一个人失恋一定要想办法克服下面的不良情绪：

悲愤交加：很多失恋者痛苦的时候会在心里责怪老天为什么对

自己这么残忍，为什么真心付出却得不到好报。然后再想想以后要孤单生活，难免产生自伤自怜的感觉。这样下去对自己没有好处，很容易陷入恶性循环，从此不再相信爱情，不再相信别人，势必会影响以后生活和工作的方方面面。

对一切都失望：很多失恋者经过失恋的打击后，对很多事情都失望，凡事喜欢往坏处想。在他们看来，人都是自私冷漠的，尤其是异性。女人会说天下没有一个好男人，男人会说女人全都是自私自利的动物。这样做没有什么好结果，因为人毕竟还要生活，失恋了不代表将来不再结婚，所以还是保持开朗的胸怀为好，失恋就失恋，何必强求。

冷漠面对生活：很多人失恋之后，从自身推及全人类，认为人性根本就是冷漠自私的，既然别人对我这么冷漠，我也对别人冷漠。这也是失恋后的一种常见心理，但是真的没必要，可能这世界确实有很多人非常冷漠，包括你所爱的人，但是别人的冷漠实在不能决定你也必须冷漠。冷漠的人不可能会得到幸福，因为冷漠的人在内心深处是可悲的，他们什么都不相信。虽然冷漠可以传染，但是我们要坚决抵制这种传染。

报复对方：更有甚者，在失恋之后，看到对方跟别人在一起，心理极度不平衡，于是想拿着刀子去捅死对方。这种人虽然属于少数，但是也不是非常罕见的，网上经常有关于情杀的新闻。我们必须说，这种对待失恋的态度是最糟糕的一种态度，失恋本来就是在感情上出局，你再这样就等于承认自己是个彻底的失败者，承认自己输得更惨。想一想，一个失恋了就想拿刀捅人的人值得爱吗？做出这种事情不就是否定自己了吗？

对待失恋的正确态度是：不留恋、不痛苦、不后悔、不自责、不挽留；做自己的事情，就好像什么都没有发生一样；如果再次遇到自己喜欢的异性，依然敢于去爱。

爱情的基础是相似性还是互补性

很多人说两个人要能相爱，必须是同一类人，只有这样才有共同语言，也就是说相似性是爱情的基础。但是也有人说，性格互补的两人才能建立美好的感情，就像郭靖和黄蓉，一个憨厚老实，一个聪明伶俐，两人称得上天作之合。那么，到底哪种说法更正确呢？

大家都知道物以类聚的道理，物以类聚主要讲的是朋友，爱情是不是同类才能结合呢？

对此，心理学家做过一个实验，他们将大学中被试的学生分成两组，一组是那些观点和思想相似的男女同学，另一组是观点和思想差距特别大的男女同学。心理学家将一男一女作为一对，让他们交往。结果发现，性格相似、观点相似的男女明显对对方好感度强于观点相异的男女。

心理学家发现，当某人的态度与你越接近时，你就会越喜欢对方。所以心理学家得出一个结论：相似性产生喜爱。

亚里士多德说："朋友就是这样一些人，他们与我们关于善恶的观点一致……我们喜欢那些与我们相似的人，以及那些与我们有着共同追求的人。"

人之所以喜欢与自己相似的人，归根结底还是喜欢自己，因为从与自己相似的人身上我们看到了自己的影子。这是人的本性，也可以说是人的弱点。因为这个趋势发展到极端就是党同伐异，也就是说无法容忍异己的存在，这与宽容精神是相违背的。

人不仅喜欢那些跟自己想法一致的人，更喜欢那些跟自己行为一致的人。懂心理学的人都知道，如果你想博得一个人的好感，最好是与对方的步调一致，模仿对方的行为。不过也不要刻意，那样会引起一些人的反感。

心理学家研究发现,其实人最理想的伴侣不是“白富美”或是“高富帅”,而是与自己相似的伴侣。换句话说,我们找的最好是相近的人,而不是比我们优秀得太多的人。外表漂亮的人通常会选择外表漂亮的人，有钱的人通常会选择有钱的人，有权的人会选择有权的人。

爱情中，物以类聚的道理是不错的，性格和气质相似的人更容易成为伴侣，因为相似性会产生满足感。但为什么有些性情完全对立的人也会走到一起呢？郭靖和黄蓉完全是两种人，但他们也可以相处得非常融洽。这是什么原因呢？

心理学家对此也做过研究，确实，跟我们性格互补的人能够吸引我们，但是在考察所有的因素之后，相似性仍然是主导因素。就说郭靖和黄蓉，别看他们表面上是完全不同的人，但是也有很多相似之处。首先，郭靖是英雄，黄蓉是女中豪杰，单凭这一点他们就是匹配的。其次，两个人都是正派人士，郭靖不用说了，黄蓉虽然古灵精怪，但也是一个善良的女子。在郭靖和黄蓉身上我们可以找到很多共同点，如果不同点多于共同点的话，他们是很难在一起的。

在很多人的观念里，对立面才互相吸引，夫妻之间有差异才能互补。这个观点看起来非常正确，但事实不是这样的，我们可以把一个人分为两部分，一为主要部分，二为次要部分。如果一对男女主要部分和次要部分都非常相似，他们就是高度相似，这样一对夫妻在一起一般来说很适合，也会幸福，比如说钱钟书和杨绛就是这种类型的。主要部分相似，次要部分相异，这样的夫妻在一起也会相处得很融洽，而且因为有了一些相异的特征，彼此之间可以取笑，反倒多了一些乐趣，最典型的就是郭靖和黄蓉夫妇。如果主要部分相异，次要部分相似，这样的夫妻是不可能相处好的。如果主要部分和次要部分都相异，那这两个人完全没有共同语言，别说做夫妻，就是做朋友都难。

所以，心理学家得出一个结论，虽然某些外在的不同会增加男女之间的兴趣，但是在爱情中占主导地位的还是相似性。

那我们就知道了，找伴侣最好找跟自己相似的人，而不要找跟自己差别太大的人。如果偏要追求差异性，找与自己各方面都迥然不同的人，那真是自找麻烦。

爱情是如何转化为亲情的

有的心理学家将爱情分为三种不同形式。

第一种是激情之爱，这种爱情充满了浪漫色彩，如《泰坦尼克号》中的爱情就属于这种。

第二种是游戏之爱，现在很多人的爱情是游戏之爱，游戏之爱不需要负责，男女在一起纯粹就是为了寻欢作乐，好聚好散。

第三种是亲情之爱，也就是说激情退却，把爱人当成是好朋友、好伴侣，很多夫妻之间是这样一种爱，爱人变成亲人。

激情之爱是最为热烈的一种状态，处于激情之爱的人强烈地渴望与对方在一起。他们的爱情浪漫而热烈，如果对方对自己的爱作出回应，他们就会感到幸福满足。如果没有作出回应，他们就会觉得沮丧。所以处于激情之爱中的男女情绪是变化无常的。

友谊之爱就是两个人在一起细水长流，互相关心，但是要说到产生强烈的激情，非常难。

很多激情之爱最后会慢慢地转变为亲情之爱，正所谓暴雨不终朝，暴雨没法下一整天，激情也是这样的，迟早也会降温的。很多人由激情之爱转入亲情之爱时，难免会怀疑是不是不爱对方了。其实也不是这样，任何激情最终都会转变为温情。

亲情之爱虽然比激情之爱少了许多激情和浪漫，但它也是一种深深的依恋。

萧伯纳是一个大作家，也是一个大智者，他就看清了激情之爱其实是不真实、不持久的。他说："当两个人沉浸在最疯狂、最虚妄、最短暂的激情当中时，他们总会对爱人发誓：自己一生都将保持在这种兴奋的、不寻常的、令人精疲力竭的状态中，直到死亡将他们分开。"

爱情是一种美好的体验，那么人们对爱情的需求是否来自内心深处对亲密关系的一种依恋？

心理学家们发现，自从人类一出生，最先感受到的就是爱，这种爱来自父母。于是，婴儿便对父母有了依恋，如果几天没有见到父母，就会恐惧哭泣。等再见到父母时，又会破涕而笑。

心理学家说，与他人的亲密关系构成了我们人类的核心，我们都是通过这些亲密的依恋来获取力量和享受生活的。也就是说爱情作为依恋中的一种，并非完全是受性本能驱动的。

什么样的伴侣最容易分手

感情是非常有意思的东西，因为它往往能颠覆人的理智，让人说出“山无陵，天地合，乃敢与君绝”的痴情话语。

我们不妨来看一个例子吧！

1971年，一个即将结婚的小伙子给自己的新娘写了一首情诗。这个小伙子非常浪漫，他没有把这首情诗送给新娘，而是装进一个瓶子里，然后扔到夏威夷海域里。十年之后，有人发现了这个瓶子，看到这首情诗：

当你看到这封信的时候，我可能已经是白发苍苍的老人了，但我相信我们的爱情仍然会像现在这样鲜活。

这封信可能要花上一周甚至几年的时间才能“找到你”……即使它永远不能到你的手中，我仍然铭记于心的是，我会不顾一切地去证明我对你的爱。

发现情书的人通过电话找到了十年前的那个新娘，当把情书读给这个新娘听时，她大笑不止，最后说道：“我们早就离婚了。”

离婚在目前实在是太普遍了，两个人在一起相处，如果不是很适合，就会累积很多对婚姻的不满情绪。很多人对自己的婚姻早已厌烦，假如这时候刚好出现了一个让人幻想的异性对象，两者一比较，如果第三者也愿意与之结为伴侣的话，那么原有的婚姻就会破裂。

很多人都是这么离婚的，社会的诱惑越多，人心越骚动，离婚率就越高。相爱的时候，男女都觉得对方怎么看怎么好。等到了互相反感的时候，毛病全都出来了，指责对方这不好那不好。

一般说来，西方国家比中国离婚率更高，因为他们盛行的是个人主义。个人主义者有这样一个特点，他们希望在爱情中找到更多的激情，同时又能实现自我的一些价值。这无疑加重了婚姻的压力，而在中国，婚姻更多的是为了生活。既然大家可以在一起生活，那么就凑合一些吧，彼此互相退让几步。

有一点是可以肯定的，结婚之前深思熟虑的人显然比那些草率的人更可能拥有长久而稳定的婚姻。心理学家通过调查发现，那些婚姻不幸福，但是依然能够维持婚姻关系的人，五年之后有八成多的人会改变观点认为自己的婚姻很幸福。换句话说，婚姻本身就是一个磨合的过程，如果你能够承受得住磨合的痛苦，就等于经受住了考验，那么慢慢地风雨之后见彩虹。婚姻生活也是一条曲线，有高潮、低谷、平缓。

事实上，任何一对新人在结婚的时候就已经潜伏下了离婚的风险，这个风险有多大取决于你跟什么样的人结婚。

符合以下条件的夫妇一般说来不会轻易离婚：都是在二十岁之后结婚；都在稳定的双亲家庭里长大；结婚之前谈了很长时间的恋爱；都接受过良好的教育；家里有稳定的收入；结婚之前没有同居

或怀孕过；彼此之间有相似的人生观；非常重视对对方的承诺。

如果一对夫妻的条件跟上面非常符合的话，那么他们很有可能会一辈子在一起，相偕到老。然而在现实生活中，想找一对完全符合上述条件的夫妻是比较难的。

这个世界每天都在上演着分手和离婚的悲剧，这是一个非常痛苦的过程。一对夫妻即使发现最后不能继续走下去，要他们骤然分离也是极为痛苦的一件事，所以分离往往有一个过程。对于那些热恋中的人来说，突然分手更是难以忍受的事情。关系越亲密，相爱越长久，可供选择的对象越少时，分手时的痛苦就越大。

既然分手或离婚这么痛苦，为什么这么多人还是会选择分手和离婚？那是因为任何事物的发展都有一个过程，当一对男女并不适合时，在相爱过程中会累积很多不愉快，当不愉快累积到一定程度时，亲密关系就处于崩溃状态。如果继续维持亲密关系的话，很有可能会让自己更加痛苦。研究表明，婚姻不和谐的人患抑郁症的概率是正常人的十倍。

在不幸福的家庭中，我们会经常见到夫妻之间互相指责、争吵，而幸福的夫妻通常会更加一致、赞同、妥协，并感觉到愉快。和谐的夫妻不是没有矛盾，而是他们能够用一种积极的方式化解矛盾。

夫妻相处其实是一件技术性的事情，很多时候要学会克制和忍让。双方固然彼此相爱，但矛盾爆发的时候难免火大，如果火大就随便发火，那只会恶性循环，结果惨淡。

第十一章

社交心理学

如果把人际关系比作磁铁吸附铁石的话，我们就能看清人际关系的实质。其实每一个人都是磁铁，你吸引的人越多，说明你的磁力越大，也就是你人际交往方面的能力越强。虽然人际交往能力不是衡量一个人强弱的根本标准,但是它对你的生活无疑有重大影响。尤其是一个人想要获得商业上的成功，人际交往能力是一项非常重要的能力，它直接关乎你的物质生活，关乎你将来成为成功者还是普通人。

帮助别人就是帮助自己

在现代社会，良好的人际关系是衡量一个人生活是否幸福的一项重要指标。人际关系的本质是一种社会交换，这种交换可以是交换物质，但更多的是交换友谊和情感。有人也许会奇怪了，难道友谊和情感也是一种交换？

其实，这个世界的一切都存在交换，要收获就必须付出，天下没有免费的午餐。情感虽然比较纯粹，但也很难超出付出与回报的关系，一个人如果得不到回报是不可能持续不断地付出的。

这就是利他主义的根源，人与人之间只有互相帮助，生活才会更美好。有一个老掉牙的故事，说的是一个人来到天堂发现这里吃饭的地方有一口巨大的锅，而勺子又特别长，自己无法用勺子吃东西。但天堂里的人互相帮助，喂对方吃，这样所有的人都能吃到食物。地狱里跟天堂里一模一样，也是一口大锅，也是长勺子，不过地狱里的人心胸狭窄，谁都不愿喂别人吃，结果大家都没得吃。

利他主义是自私自利的反义词，很多时候帮助别人虽然不一定期望别人回报自己，但在帮助别人的同时会收获一种满足感，这种满足感本身就是一种回报。

所有关于帮助行为的理论都认为，帮助行为是一种双赢的行为，从长远来看，帮助行为会让施惠者和受惠者都受益。

研究者发现当慈善机构给捐献的人提供一些糖果之类的小物品时，捐献者就会向慈善机构捐献更多的财物，即使他们并不需要这些小物品，但他们得到小物品时能感到一种心灵的满足。这其实就说明了帮助行为是一种交换行为。

帮助他人能提高人们的自我价值感，换句话说，帮助他人能让我们自我感觉良好，觉得自己善良，拥有良好的价值观。大量的研究显示，参加社会服务的年轻人显然更多地拥有积极的人生观，他们比其他人会更少地面对犯罪、婚外情、辍学等危机。红十字会的志愿者甚至比一般人拥有更健康的身体和精神状态。

什么样的人容易帮助他人？关于这点，心理学家们观点惊人的一致，就是快乐的人显然比不快乐的人更乐于帮助他人。很多痛苦或内疚的人帮助他人更多的是为了缓解自己的内疚感和痛苦感，快乐的人帮助别人则是为了传递自己内心的快乐。

一个作家说过这样的话："真是件奇怪的事情，当你沉浸在爱情中时，你热切地想要善待每一个人。"确实，一个人心中充满爱才会想到去帮助别人，如果一个人心里充满了怨恨，别说帮忙，他不害人就谢天谢地了。

互惠原则是全部人际关系的基础。现在很多书教导人们尔虞我诈，并妄称这是提高人际能力的好方法，换句话说，在他们看来，良好的人际关系就是损人利己。这完全是一种误导，损人利己的人最后一定会损害自己。通常说来，倡导这种观点的人一般都是生活中经历了不少挫折，心怀怨恨的人。

林肯对利他主义有深刻的认识，这种认识虽然不是什么心理学，但是却有高度的哲理性。

有一次，林肯在与朋友谈论利他主义哲学，林肯说，利他主义的本质是自私。就在他们谈论的时候，林肯听到一只母猪在哀嚎，原来是因为小猪掉进了池塘里。林肯立即终止谈话，救起那只小猪。那个朋友问他："难道你刚才救那只小猪的行为也是自私的吗？"林肯说："当然是，我是在保护自己的灵魂。如果我装着什么都听不见，我的灵魂会不安。我救了那只小猪等于是让自己安心，这难道不算自私？"

心理学家研究发现目睹他人痛苦也会引起我们情绪上的痛苦和焦虑，为了减轻这种痛苦和焦虑，我们就有可能帮助别人，帮助行为本身既可以减轻他人的痛苦，又能减轻我们自己的痛苦，是一件一举两得的事情。同情心是人与生俱来的一种能力，虽然有的人同情心少，有的人同情心多，但每个人都有同情心。

利他行为本质上也是自私的，这就是为什么当人们感觉到自己的利他行为没有得到相应的回报时，可能就会变得自私自利。

让心理学家最吃惊的是个人往往具有同情心，乐意帮助别人，但是处于群体之中的人们反而有一种惊人的冷漠，这也就是所谓的旁观者效应。当一大群人面对一个需要帮助的人时，反而大家都显得非常冷漠，好像事不关己一样。

众目睽睽之下，人性反而显得冷漠自私。但是当周围没有其他人，而你看到了一个受伤的人躺在地上，这时你多半会去帮助他。为什么会出现这种结果？当旁观者越多时，人们感觉自己同情心的责任就越少，人们有一个共同的心理：这么多人在这儿，难道非得要我帮助吗？

如何增加我们的利他行为

谈到社交的时候离不开两个环境，一个是社会环境，另一个是我们的心理环境。社会环境和心理环境相互作用，相互影响。千万不能把社交变成钻营，那样只会曲解社交的真实意思。

社交，顾名思义是一种社会交往，良好的社会交往首先是一种付出，然后才是回报。那种在社交中一心想索取的人并不真正懂得社交的含义，只不过是互相利用而已。真正的社交往往不是一种物质的交换，最重要的是一种情感的交换，人们借此表达自己的利他之心，愿意帮助，愿意付出一定程度的爱心。

心理学家做了一个有意思的测试，他们调查了几百名献血者，结果发现，与那些经常献血的人不同的是，偶然献血的人往往是应朋友的邀请来献血的。在献血这件事上，朋友的邀请往往比媒体的宣传更有效果。这告诉了心理学家一个道理，善良很容易由个人的情感激发。也就是说，一个人的善行很容易受到别人善行的影响。在利他行为上，一定不能忽视个人化的方式，因为个人往往比在群体中的人具备更高的责任感。

要增加我们的利他行为，首先要解除利他行为的束缚。如果老人跌倒，你过去扶他，他反而赖上了你——这种行为是对利他行为的极大伤害，因为会助长整个社会的不信任，让大家都选择自私自利。但是我们也不能因为出现了几例这样的事情，就完全放弃了利他行为，这是得不偿失的。因为后面我们会看到，利他行为虽然名为利他，其实是利己，它会真正提高一个人社交的质量。

任何一个人想成为乐于助人的人，一定不要产生道德偏见。什么是道德偏见呢？像“二战”期间，犹太人被认为是低等的、卑鄙的一样，这就是道德偏见的一种——种族歧视。或是认为，某某类型的人是差劲的，不值得去关怀，更不值得帮助……

道德偏见会让许多伤害和冷漠行为变得合情合理，好像某些人天生就该被人伤害一样。没有这个道理，利他主义第一步就是要善良对待所有人，知道人与人之间并无本质的不同。“性相近，习相远”，看起来不同，只不过是习气所致。

经常目睹利他主义的人更有可能帮助别人，就像人们会模仿罪恶一样，人们也会模仿善良。你所接触的善良的人越多，你更有可能成为一个善良的人；如果你接触的坏人越多，你越有可能成为一个坏人。古人早就认识到这个道理，有句名言：近朱者赤，近墨者黑。虽然也有出淤泥而不染的说法，但那通常都是指志行高洁之士，普通人是很难达到如此境界的。

不过，我们不得不承认这样一个事实，我们生活的世界里更多的是利己主义者，这有可能成为抑制我们内心善良的一个阻碍。

意识到了这点，我们就不能被环境蒙蔽了心灵。一个人活着固然需要物质的保障，但也需要灵魂的安稳。如果要让自己灵魂安稳，就必须内心善良，乐于做一些利他的事情。就像林肯那样，不去忽视灵魂的声音，这也是他为什么拥有如此伟大心灵的原因。

一个乐于助人、心胸开阔的人通常都会拥有良好的人际关系，自私自利的人也有可能会跟许多人交往，但是这种交往的质量是非常低的。人与人之间的交往看重的不光是数量，更重要的是质量。很多人认识的人一大堆，但真正的知心朋友却没有一个，这样的人心里是不可能安稳的。

问问自己是否有人际交往障碍

现在宅男宅女越来越多了，什么是宅男宅女呢？就是那些整天待在屋子里不出去，上网打游戏，或是性格内向，不喜交际的人。他们给人印象最深的是很少与人交往，沉浸在虚拟世界或自我世界中。这些人是不是一定都有人际交往障碍呢？

也不一定，有的人确实是天生喜欢虚拟世界，回到现实生活中，交往方面很正常；有的人沉迷于内心世界，却也无严重的交际障碍。只不过长期待在网络世界或是自我的世界里，人的交际能力确实有可能退化。

我们先来看一个案例吧！

吕某是一个大学生，来自农村，性格非常内向。刚考上大学的时候非常兴奋，但是进了大学之后，却发现自己面临着很大的压力。首先，对大城市的一切感到陌生，觉得这里不属于自己。其次，他天生性格内向，不善与人交往，自然而然，慢慢地变得形单影只。虽然最开始他也想跟同学们交流，但是他与同学们各方面的差距都非常大，因此共同语言不多。而且在交往过程中吕某碰了许多钉子，慢慢地他也不想跟同学们交往，时间一长，就形成了较严重的交际障碍。到后来，他的活动范围越来越小，最后他实在忍无可忍，提出退学回家。

故事中的吕某可能存在于任何一个大学的校园里，我记得我读大学时，隔壁宿舍就有这样一个学生，平时很少跟大家交往，后来主动退学。

在吕某身上就是因长期不与人交往而形成了较严重的人际交往障碍，事实上，人际交往障碍是一种非常普遍的心理问题，每个人或多或少都有一定程度的人际交往障碍。

人际交往障碍不是一种心理疾病，而是一种心理问题。说它不是心理疾病是因为它还没有严重到病理程度，但它却是人们心理或性格上存在的问题，严重到可以影响一个人的生活。

人际关系的心理结构由三部分构成，即认知、情绪和行为。认知主要是指人们在交往过程中相互理解的过程，情绪指的是交往过程中的情感体验，行为则是指交往过程中人们的行为和反应。良好的人际关系就是认知、情绪和行为都处于一种和谐舒服的状态，换句话说，判断人际关系的质量要从三个方面来看：是否做到了相互理解；情绪体验是否积极快乐；言谈举止是否得体协调。

拥有理想的人际关系是很难做到的，因为每个人都有自己的习气，所以在实际交往过程中难免会出现这样那样的问题。但如果因为害怕被人误解而不去跟别人交往，那就是因噎废食了。虽然人与人的交往一定会出现一些问题，但我们还是要努力与他人建立起良好的关系。如果我们努力了，但不能做到，那就只能顺其自然。

由于每个人的经历不同、性格各异，所以在交往过程中的表现不同，有的人会表现得非常奇怪，我们应该明白，这些都是正常的。

比如，有的人对人不信任，天生抱有一种敌意，这可能与他所遭遇的一些经历有关；有的人敏感多疑，喜欢往坏处想；有的人内心非常封闭，不会对他人敞开心扉；有的人焦虑不安，时刻处于心神不宁的状态。这些负面的情绪和心理都会给人际关系带来很大的障碍。

哪种性格的人最容易在人际交往中产生心理障碍呢？

第一种是充满敌意的人，对一切都存在戒备和敌意的人最容易导致人际交往的障碍。因为他们什么都不相信，他们可能有过一些阴暗的经历，从此失去了对人的信任，进而产生了怨恨心理。这种人的人格是反社会型，他们经常会把别人的好意当成敌意，所以与这种人交往最难。但也不是不能与之建立良好的人际关系，要与这样的人建立良好的关系，必须要很有耐心，不计较个人的情绪得失。

第二种是生性多疑的人。生性多疑的人绝不相信人性本善，在他们看来人不可能会安好心，如果人做出好人的样子一定是有什么目的。跟这样的人交往也是非常痛苦的，因为他们考虑问题完全站在自己的角度，对于别人的一举一动都可能猜疑和胡思乱想。

第三种是害羞的人。害羞是一种性格，害羞的人与人交往容易脸红，也很容易敏感。如果不小心说了什么话触碰到他们心里的敏感之处，很可能会激起他们很大的情绪反应，也许他们不会把情绪表达出来，但是一个人的时候会左思右想。害羞的人虽然对人没有敌视的意思，但与他们交往是非常费力气的，因为他们什么都喜欢往心里搁，就是不肯将自己的真实想法表达出来。

第四种是自卑的人。自卑的人心理阴影很重，所以在人际交往过程中是带着负担的。与自卑的人交往很可能会让人觉得不快，因为你会感觉对方很痛苦，进而你会为对方的痛苦而痛苦，结果就导致双方都非常吃力。与自卑的人交往时要时刻照顾对方的情绪，千万不要触动他们的自卑情绪。也许你心不在焉的一句话，可能就激起了他们的自卑心理。

第五种是嫉妒成性的人。嫉妒的人最容易眼红，他们见不得别人的好，想跟这样的人建立良好的人际关系是非常难的。你想一想，如果一个人看到你好就眼红嫉妒，看到你坏就幸灾乐祸，你能与这样的人交朋友吗？嫉妒的人就是这样的人，他们事事不希望别人好，他们希望别人样样都比不上自己。

综上所述，我们可以得出一个结论：最容易产生人际交往障碍的是那些把自己看得过重、过于自私的人。对这些人来说，一个最根本的药方就是：忘我，忘我，再忘我。

忘我之后就要进行针对性的治疗，这种治疗不一定要有医生参与，可以自己针对自己进行治疗。比如，你怕在公众场合发言，那就要训练自己，怕什么就去做什么，慢慢地障碍就会消除。如果男生害怕跟女生交流，就应该找机会主动跟女生交流，习惯成自然了，也就不会害怕与异性交流了。

与人交往不可过于敏感

与人交往的过程中切忌过于敏感，一点小事就斤斤计较，这几乎是社交高手们的共识。因为这样一来必然会让别人觉得你小心眼，进而不愿意继续与你交往，大大咧咧的人在社交场中确实更容易成功。当然，我们这里说的大大咧咧不是缺心眼，而是看似糊涂但心里清楚的人。

一个人如果斤斤计较，对于外界的刺激过于敏感，那么这个人在社交中必定会承受很多痛苦。人言可畏，再善于做人的人也有人不喜欢，对于别人的喜欢也好，不喜欢也好，都不可过于敏感，要抱着一种顺其自然不强求的态度。

20 世纪 30 年代的上海滩著名影星阮玲玉就是因为太在乎世人的眼光从而选择了自杀，在遗嘱中她这样写道："想了又想，唯有一死罢了。我死何足惜，不过，还是人言可畏，人言可畏啊！"

他人的眼光是可以杀死一个人的，这样的例子在历史中并不少见。所以做人千万不要过于敏感，如果过于敏感就会伤到自己。可能别人会对你误解，进而用语言伤害你，一个人这么做你可以不在乎，十个人这么做你还能做到不在乎说明你对人言有了一定的抵抗力。

我们要与人为善、乐于助人，但是绝不能活在别人的眼光中，这就要求我们做人要有自己的原则。别人善意的批评我们固然要接受，但是无礼的责难我们大可不理。想每一天都有好心情，想做一个受欢迎的人，就不可以太敏感，太敏感难免磕磕碰碰，太敏感难免会觉得今天这个对我不好、明天那个说了我坏话，陷入是非中永无宁日。

发展心理学家哈沃德·加德纳认为人际敏感型的人既是以自我为中心的人又是自卑的人，这类人虽然希望成为众所瞩目的焦点人物，成为大家心目中的强人，但是不能克服自己的弱点，无法实质上“强大”起来，这才导致了对别人的看法非常在乎，别人任何细微的举动都可能会影响到他们。敏感型人物往往过分强调自己的主观感受而无视客观事实，所以敏感型人物往往会夸大人际交往中的积极与消极因素。换句话说，他们觉得一个人好时就觉得这个人非常好，实际上这个人可能并没有那么好；一旦他们觉得某个人坏就觉得这个人坏透顶了，其实别人也没有他们想象的那么坏。

敏感的人与人相处时通常非常谨慎，既担心自己受伤，也担心伤害别人。当然也有一些敏感的人并不考虑别人，只考虑自己。敏感的人通常非常多疑，而且多疑的对象往往牵连到自己，总之，敏感的人习惯将跟自己不相干的事情往自己身上扯，从而助长多疑的成分。

有一句话叫，“世上本无事，庸人自扰之”。敏感的人就是这种类型，其实这世界哪有那么多是是非非，但他们就喜欢制造出许多烦恼来。没有烦恼，他们偏偏也要想象出许多烦恼；没有敌人，他们一定要制造出假想敌。

如果你恰好是一个敏感型的人，那么应该如何改善自己的人际关系呢?

其实也不难，凡事往大处想，不要死钻牛角尖，更不要觉得世界或是朋友离了自己就转不起来。敏感的人通常都是一些自我中心主义者，我们应该这样想，别人以你为中心固然让人觉得很牛，但是这样被别人关注着多不自在。别人不关注你，固然不能成为焦点，但是也落得个浑身轻松，逍遥自在，不必活在别人的眼光里是一件幸福的事。

敏感的人也不必有心理压力，任何事物都有正反两面。敏感也是如此，虽然会给人际交往造成一定的压力，但只要掌控得好，劣势可以转变为优势。敏感的人往往情感更为丰富，更有创造力，所以一个小事情就能触动他们敏感的心弦。但过度敏感的人有自我贬抑的倾向，这势必会让自己陷入不好的情绪中。

敏感的人一定要记住这样一个事实，水至清则无鱼，人至察则无徒。人活着就应该活得豁达开通，斤斤计较，什么都要算清楚并不是一种明智的生活态度。

雾里看花才能美，聪明人不应该过于苛求别人，也不能过于苛求自己。宽容一点对自己对别人都更好。

人际交往中的黄金法则

如果把人际关系比作磁铁吸附铁石的话，我们就能看清人际关系的实质。其实每一个人都是磁铁，你吸引的人越多，说明你的磁力越大，也就是你人际交往方面的能力越强。虽然人际交往能力不是衡量一个人强弱的根本标准，但是它对你的生活无疑有重大影响。尤其是一个人想要获得商业上的成功，人际交往能力是一项非常重要的能力，它直接关乎你的物质生活，关乎你将来是成为成功者还是普通人。

一个人在生活和工作中难免要跟人接触，一接触就会发生关系，就会给别人留下印象。是好印象还是坏印象取决于你自己，如果你不善交往，经常与人发生冲突，就有可能给别人留下坏印象。给一个人留下坏印象不要紧，给十个人留下坏印象可能也不要紧，等给一百个人都留下了坏印象，这就说明人际交往出了问题，需要认真改善。

人际交往的法则就是：尽可能用正面的磁力吸引别人，你用正面的磁力吸引别人，别人回馈给你的也是正面磁力，等于是友好往来。如果一个人在人际交往过程中不断地释放负面的情绪，那么必然会形成很大的排斥力，导致朋友越来越少。

人的本质是喜欢那些喜欢自己的人，讨厌那些讨厌自己的人。

所以说人的情感是双向的，你对别人友好，别人也对你友好；你对别人不善，别人也会对你不善。掌握了这个法则，人际交往就不会太困难。当然有人有这种感觉，就算一个人没得罪自己，但是看到这个人就莫名的不喜欢，这样的例子也很普遍。这时候，你必须告诉自己，这种态度是不对的。这个人并没有对你不好，你没有理由去讨厌对方。

人际关系是一面镜子，如果你用微笑去面对他人，迎来的就是别人的微笑；如果你板着脸，别人大概也是拉长着脸。所以，搞好人际关系要先从学会微笑开始，是发自内心的微笑，而不是勉强地挤出来的微笑。

人际关系有一个“增减法则”。如果一个人对另一个人是否定，后来转变态度，变成肯定，那么他们的关系可能会比一直是朋友的两个人还友好。反之，如果两个人本来是朋友，一直处于肯定状态。但突然有一天，两个人开始否定对方，那么他们彼此之间的恶感甚至比那些本来不和的人程度更深。

所以说，维持人与人之间的良好关系很不容易，因为一旦交恶的话反而敌意更深。

还有一个相同的规则，叫“婚姻不忠定律”。也就是说，从陌生人那里获得的欣赏往往比来自配偶的欣赏更有吸引力，因为与配偶长期生活在一起，对方的欣赏已经激不起太多的火花，相反，一个关系疏远的陌生人突然欣赏自己，会让人心里激动，给人留下深刻的印象。正是这个原因，导致了在人们心里有一种对爱情不忠的倾向。

有一句广告词是："正能量，无所畏。"能量有正负之分，正能量是一种积极的能量，致力于提高生活的品质；负能量是一种互相伤害、互相降低的能量，这种能量的作用是破坏。套用宗教的说法，正能量与天堂对应，负能量与地狱对应，所以我们千万不要小看能量的正负之分，前者带人走向天堂，后者则带人走入地狱。

我们要多与那些产生正能量的人交往，因为他人的正能量会影响你，让你心中也充满正能量。相反，负能量也能影响人，让人心里充满负面的情绪。在与别人的交往过程中，我们要努力产生正能量，避免负能量出现。当负能量出现时，一定要抑制并消除，以免破坏人际关系。

钢铁大王卡内基的得力干将查尔斯·史考伯就是一个善于运用正能量的人。史考伯三十八岁时出任卡内基钢铁公司的第一任总裁，年薪一百万美元，这在那个年代是一个天文数字。卡内基为什么这么器重史考伯呢？只是因为史考伯非常懂得钢铁技术吗？事实上，公司里比史考伯懂得钢铁技术的大有人在。史考伯告诉别人，他之所以得到卡内基的器重，是因为自己与人相处的本领。史考伯说："我认为，我最大的资本就是能够鼓舞员工更好地工作，使他们都能发挥出潜力。其实我的诀窍很简单，就是赞赏和鼓励他们。"史考伯还说："再也没有什么比上司的批评更能抹杀一个人的雄心，我从来不批评任何人。我赞成鼓励别人的工作，因为我善于称赞而讨厌批评。"

和批评相比，赞美是一种正能量，批评是负能量。负能量也不是一无是处，有时候负能量能够起到激将法的作用，同样能够让一个人发挥出色。但是负能量可能会留下后遗症，也就是说，如果让我们选择的话，同样的效果，我们宁愿选择正能量。

赞美虽然是一种正能量，但如果让赞美变成拍马屁，这就是善复为妖了，变成了负能量。凡事都要把握一个度，在人际关系中，度最重要，始终铭记：过犹不及，物极必反。

人际交往中的距离

大家都听过一句话叫“远亲不如近邻”。由此可见，人与人之间的距离决定了人与人之间的关系。

20 世纪 30 年代，心理学家对一座城市进行了研究，发现 1/3 的夫妻在结婚之前，双方住所相隔不超过五个街区，这个结果还不包括 12% 的夫妻在结婚前住在同一个街区里。从这项研究中，我们可以看出，空间距离影响着人们的人际关系。

为什么空间距离这么重要？因为只有距离接近，人们才有交往的可能。距离越近，接触的机会就越多。那是不是距离越近，人们就越喜欢呢？也不是，距离近只不过是人们友好交往的一个必要条件，但不是充分条件。我们知道，我们喜欢的是熟人，讨厌的还是熟人。而且有时候空间距离近了，确实会引起人的反感。

人与人之间既需要空间上的距离，又需要心理上的距离。人就像刺猬一样，靠得太近会互相刺对方，因为靠得太近了，会让人感觉不适，感觉不适所以才刺人。和空间距离相比，人更加无法忍受心理距离被侵犯，人们可以挤火车，但不能容忍别人管到自己的心灵里面来。如果一个人管你的事情，以至于侵犯了你的精神世界，哪怕对方是好意，相信你也不会高兴。

人为什么需要空间距离和心理距离？因为只有这样，才能在自己的周围或心里形成一片保护区域，让自己感觉舒服。

有一个心理学家做过一个有意思的实验，在一个刚刚开门的图书馆阅览室里面，当只有一个读者时，心理学家走进去，坐在这个人旁边。实验进行了八十人次，没有一个人能忍受在空旷的阅览室里面，陌生人紧紧地挨着自己坐下。被试者不知这是在做实验，所以他们的表现非常真实，大多数人都面带不悦地挪到远处的位置，还有的人干脆直接问："你到底想干吗？"

这个实验形象地说明了人与人之间所需要的距离，空间距离其实只是心理距离的外围距离。

根据人际关系中的距离范围，心理学家划分出了四种距离。

亲密距离。这是人际关系中最短的距离，范围在十五厘米以内，彼此之间肌肤相触，互相能够感受到对方的体温和气息。这种距离通常发生在情侣之间，也有发生在婴儿和父母之间的。亲密距离一般只会出现在关系极为亲密的人中。如果两个人关系没到亲密程度，滥用亲密距离，会引起人们的反感。

个人距离。个人距离的范围在半米到一米，这个距离可以进行亲切的交谈和握手，一般发生在朋友之间。如果你是一个跟对方不熟的人，进入这个距离会让对方觉得不舒服。

社交距离。社交距离是一种公众场合的距离，范围在一米到四米，这个距离一般出现在工作和聚会中。

公众距离。这个距离是演讲者与听众之间的距离，在四米到七米，这个距离足够开放，所以双方的关系不是非常密切。演讲者为了加强与观众的联系，经常会走下台，拉近与观众的距离。

了解这四种距离之后，在人际交往过程中，我们就应该根据不同的场合选择不同的距离。距离是保证人际交往质量的一个重要因素，如果距离不当，好心不一定能得到对方的好报。

办公室里的交际原则

办公室是养家糊口的地方，因此办公室里的交际显得更为重要，稍有不慎甚至有可能丢掉饭碗，所以很多人在办公室里如履薄冰，就是担心自己不小心得罪了什么人，丢了饭碗。

办公室是一个展现自己能力的地方，也是一个需要与人沟通，交流表达的地方。既要把工作做好，又要与人友好相处，两者都要做好也挺不容易的。

既然办公室是一个养家糊口的地方，这说明我们必须表现自己，能力越大意味着赚钱越多。所以，在办公室里切忌毫无个性人云亦云，很多上司是看不起这种人的。归根结底，老板们都希望员工能力强，工作出色。你一天到晚人云亦云，毫无疑问会被人忽视。所以，在办公室里我们要学会发出自己的声音，用自己的大脑考虑问题，当然不要表现得过于标新立异。

与上司同事交流时要谦虚友善，以笑脸跟所有人搞好关系，哪怕有些人把你看成竞争对手。大度的人最终会赢得别人的尊重，即使产生了冲突，也要有话好好说，不能暴跳如雷。确实，这个世界什么人都有，可能你对别人好，别人不一定对你好。但对别人友好是做人的基本态度，对他人友善会让我们自己心安。

如果你是一个能力非常出色的人，切忌在同事面前自我炫耀。

你一炫耀，很多人心里不舒服，总有一天你会犯错，别人逮住了一定会好好教训你。如果你比别人强，也不能崭露头角，要谦虚低调。人前炫耀乃是办公室里的大忌。

一个人在办公室里结交了朋友是好事，但是千万不要把办公室当成私人场合，没事就跟朋友唠嗑。这就不是在交际了，而是在玩火。别人花钱雇你是让你来工作的，不是让你来侃大山的。

还有，在办公室里，千万不要随意对同事抱怨公司里的任何人。办公室是一个争夺利益的地方，很多人为了获得利益，不惜出卖朋友。可能你今天跟某个对你友好的人倾诉内心的不满，明天他就把你的话转告给第三人。到时如果上司来找你，问你为什么不满，那就不太妙了。

在办公室里不能得罪人，但也不能示弱，让人以为你是好欺负的。现在的人已经养成了一个习惯，如果一个人比较好，他们往往会认为这个人软弱好欺。古人不是这样的，古人注重礼节，别人敬我一尺，我敬别人一丈。但现在很多人恰恰相反，你敬别人一尺，别人不但不敬你，反而得寸进尺。这涉及道德体系的崩溃，不是人力所能改善。只是为了应对这种情况，你不能一味示弱，如果别人几次三番欺负到你头上，应当给予还击。

积累人脉，管理人脉

一个人要想广积人脉，在做人的时候就一定要留有余地。为人处世，切忌把事情做绝，给别人台阶下其实就是给自己台阶下。人与人之间交往难免会有摩擦，有了摩擦不要紧，最关键的是如何化解如何处理。一个人要做到人情练达是非常不容易的事情。

职场中永远不乏好斗之人，永远不乏那些极具攻击性的人，就算你不想与这些人斗，他们也会攻击你，你会被迫卷入争斗之中。如果别人与你斗，你处处回避的话，他们会认为你怕他们，一旦他们产生这样的认识，反而会得寸进尺。所以，适当的时候也应该敢于接招。接招归接招，但是不可以陷入斗争情绪中，因为斗来斗去最后关系只会更僵，所以即使接招也应该是不带仇恨和敌意的，只是让别人明白你也不是好欺负的。

尤其是在商场中，给别人一条活路，等于给自己一条财路。这个世界恩将仇报的人也有，但是并不多，一个人做人出色，相信其他方面也不会太差。

人脉就是这样积累的，不一定与你关系好的人都是朋友出身，可能很多人以前是竞争对手，正所谓不打不相识。竞争之后，互相认识到彼此的价值，互相让步，互相体谅，然后大可成为朋友。

为人正直绝对是好事，但是不要让正直变成了心直口快，社交场中最忌讳心直口快。现在人特别敏感，心直口快的人说的话固然是真话，但是真话往往比假话更伤人。过于油滑的人让人反感，但是说话过于直接的人也让人没法喜欢。人都是喜欢听好话的，好话不仅要说得好听，还要说得真诚真实，这就比较难了。

做人坦诚不等于说话直来直去，职场沟通要讲究技巧，不能轻易得罪人。

真正善于做人的人不仅交朋友的能力强，而且有化敌为友的能力，化敌为友比交朋友又高了一个境界。交不上朋友最多只是少交一个朋友而已，而化敌为友却能将敌人变成朋友，一进一退差别很大。要化敌为友必须要有宽阔的胸襟，不计前嫌，用人格感化对方。

想一想你有多少朋友，你朋友又有多少朋友，人脉就是这么回事，让你朋友的朋友成为你的朋友，通过朋友这个“中介”，认识更多的朋友，这些朋友肯定会有地方能够帮助你。

在交新朋友时有些地方要注意，不要过于小气，与朋友在一起吃饭时要舍得花钱，不能表现得太过小家子气。还有，与朋友交往不能表现得过于功利，过于功利可能会引起别人的警惕，这样会适得其反。

说到管理人脉同样是一件大事。朋友有很多种，可以分为功利性朋友和友谊式朋友。功利性朋友也就是大家有利益关系的朋友，这样的朋友多出现在商场中，跟这样的朋友交往时要非常小心，不能损害他们的利益，但也要防止他们损害你的利益。友谊式的朋友是一种比较纯粹的朋友，一般可能是同乡、同学，或者有共同兴趣爱好的朋友。

在所谓的朋友中，我们也一定要识别那些可能对你有威胁的朋友，今天称兄道弟，明天就可能出卖你，这样的人也不少。在人际交往中，一定要小心那些小人，宁可得罪君子，不可得罪小人，这是中国古人总结出来的为人处世之道。李斯就是因为得罪小人赵高，最后三族被灭，由此可见小人的恐怖。小人内心非常阴暗，一旦得罪了他们，他们能无所不用其极。

一个人在人际交往过程中要训练出自己识别小人的眼力，如果不能识别小人，有可能会遭到小人的陷害。

察言观色识人有术

人际交往中看人是非常重要的，看人出错，自己吃亏。中国历史中，尤其是官场中，很多人都把识人当成第一大事。用人用错了危害无穷，交朋友交错了也会贻害自己。

小人虽然可怕，但历史上有些人运用小人也是得心应手，如果我们没有这种高超的用人术，千万不要轻易用小人。武则天就是一个善用小人的女强人，大家知道许敬宗和李义府都是小人，但是却被武则天用得得心应手。

武则天也是一个心狠手辣之人，看人的眼光相当准，她为了扳倒长孙无忌、褚遂良等功臣集团，破格重用李义府和许敬宗这样的人。很多人对武则天说，李义府这个人是个见风使舵的小人，让武则天不要重用他，武则天一笑置之。她就是要用许敬宗和李义府这两个棋子，除掉敌视自己的顾命大臣。最后果然如愿以偿，除掉了长孙无忌和褚遂良等人。

能够运用小人需要极高的智商，小人就像毒蛇，一不小心就会反噬主人。

在人际交往过程中，观察人是非常重要的，不同的人要用不同的方式交往。识人的一项重要本领就是察言观色，察言观色就是要从别人的肢体语言中看出他们的心理活动。

一般说来，喜欢冷眼看人的人都是比较多疑的人，这种人考虑问题比较周到，性格冷静。像这样的人你如果想忽悠他那是不太可能的，他们冷冷的眼光非常深邃，仿佛能看透人心。但这样的人大多不是坏人，只是对人性了解很深，看出人性背后的一些东西。

说话时眉毛上扬的人是性格比较外向的人，这样的人通常比较容易交往，但他们更喜欢自我表现。所以与他们交往的时候，应该照顾他们这个心理，如果你对他们的自我表现表现出反感的姿态，恐怕很难成为他们的朋友。

喜欢挖苦别人的人嫉妒心很重，跟这些人交往时一定不要表现出自己的长处，嫉妒心重的人最恨的莫过于看到别人强过自己。要想与嫉妒心重的人和平相处，最好是与他们保持一定的距离，关系不能过近。一旦关系过近，他们就会产生这样的想法："咱们处境差不多，凭什么你这个比我好，那个比我好……"与嫉妒心重的人交往最好保持客观中立的姿态，与跟小人交往有些类似，总之不能与他们关系过于亲密，也不能表现出讨厌他们的样子。

说话时眼睛骨碌碌转的人通常是心里比较阴暗的人，他们常常打着坏主意，并且认为自己很聪明，比别人多很多心眼。应该少跟这样的人交往，如果不得已与他们交往，要保持一定的距离。

说话时常常带有小动作的人往往是喜欢撒谎的人，这种人诚信度很低。与他们交往不可共谋大事，更不可将一些重要的事情托付给他们。说话时犹犹豫豫结结巴巴的人通常都是在说谎，人在说谎时会有种种不自然的表现，即使是撒谎高手，仍然可以从他的眼神和脸部肌肉的变化中发现破绽。撒谎之人说的话往往与肢体动作相左，有人在说谎时会不自觉地缩紧身子，甚至双手抱在胸前，作出保护性的动作。

如果一个人说话时经常皮笑肉不笑，那说明这个人非常虚伪。与这种人交往时要非常小心了，不能深交，只能做一些泛泛的交谈。千万不能让虚伪的人抓住自己的把柄，因为他们随时可能会利用别人的弱点干一些损人利己的事。

一个人眉毛挤在一起，眯着眼睛，这说明他可能正处于焦虑不安的状态；一个人咬嘴唇摸耳朵也表示这个人很不自在。当一个人出现这样的动作时，而你恰好正在与他交往，你就应该想想是不是自己说错了什么话，如果自己没有说错话，最好找个借口结束谈话，免得对方不快的感觉持续升温。

一个人鼻翼发胀、嘴唇紧闭，说明这个人正在竭力控制自己的愤怒情绪。当你看到一个人这个样子，千万不要在这个时候去惹他。如果一个人经常是这个样子，说明这个人一定是个脾气暴躁的人，尽量不要去招惹这种人。

如果一个人在说话时，经常眨眼，说明这个人可能很不自信，又或者在说谎，再者也有可能是心底有什么不可告人的秘密。当然，这个秘密不一定跟他与之交往的人有关，但是他害怕对方知道自己的秘密。

心理学家教导人们识别谎言时有一些小诀窍，我们来了解一下吧：

第一，人吃惊时的表现转瞬即逝，如果一个人吃惊的表情超过一秒钟，这说明在伪装。

第二，人们通常以为撒谎的人会逃避对方的目光，其实真实情况往往不是这样，很多时候撒谎者为了不让别人怀疑自己在撒谎，反而会加强与对方的眼神交流，意思是让你相信他。

第三,如果一个人生硬地重复一些问题,说明他可能在掩饰什么。

第四,一个人在说话时摸鼻子，很可能是在掩饰谎言。

第五，说谎者在说谎前眼神会漂移，但是在想好谎言之后，会目光注视着你，好像突然找到了自信一样。

这里介绍的几个技巧讲的都是在特定情况下人们可能在撒谎，并不能根据这些给一个人定性，说这个撒谎的人就一定不是好人。事实上,很多好人每天也都在撒谎。掌握真正的识人技巧需要时间，正所谓路遥知马力，日久见人心，短期内往往是看不出一个人真实品性的。

我们观察一个人不要观察一个人如何对待上司，如何对待漂亮的异性。在对待上司和对待漂亮异性的过程中，人是最不可能表现真实自我的，因为这里面都有功利性企图。要想真正看出一个人的本性，最好看他如何对待弱者，如何对待老人，如何对待小孩，如何对待动物。在面对弱者的时候，人们较少地伪装自己，更容易将内在的本性暴露出来。

如果一个人对弱者很凶，盛气凌人的样子，那可以肯定这个人本性是欺软怕硬的，而且看上去很凶恶。但是，如果碰到一个比他有钱比他强的人，他立即卑躬屈膝低头哈腰。这就像鲁迅所说的那样，奴才在主子面前是条哈巴狗，到了地位更低的人面前就会摆出主子的架子。

如果一个人能够对弱者很和善，没有傲慢之气，那说明这个人本性善良，值得信任。不卑不亢的人是真君子，他们失势时不感觉低人一等，得势时也不会欺负别人。

还可以从一个人处理矛盾的方式判断一个人性格是刚强还是懦弱，一般来说，懦弱的人没有主见。这个人说这样好，他们就信这个，换个人说那样好，他们又信那样。矛盾发生之后，懦弱的人根本不清楚矛盾的本质，时时刻刻随着外面的情况转。在用人方面，懦弱的人不可重用。性格刚强的人通常知道自己应该怎么做，他们的原则性非常强。这样的人可以重用，但是性格刚强的人往往有一定的威慑力，用好也不容易。

那如何判断一个人是否有责任心呢？可以从一些很平凡的事情上看出来，如公司里打扫卫生，没有责任心的人随便拖拖地敷衍了事，也不管是不是真的拖干净了。有责任心的人则保证今天该我值日，我就要打扫干净一点，好让大家在这里工作舒服一点。

察言观色存在于生活的每一个细节之中，并非深藏不露的智慧；识人之术就在点滴的言行举止中，未必要经历什么大事才能看出一个人的本性。通过更好地了解他人，我们能在工作与生活中减少与他人发生冲突的可能，而这也会让我们更容易获得一个平和的内心世界。

图书在版编目（CIP）数据

心理学与心理调节术/姚尧著 .—6 版 .—北京：中国法制出版社，2022.4

（心理学与生活）

ISBN 978－7－5216－2559－2

Ⅰ.①心… Ⅱ.①姚… Ⅲ.①心理学－通俗读物 ②心理调节－通俗读物 Ⅳ.①B84－49 ②R395.6－49

中国版本图书馆 CIP 数据核字（2022）第 044324 号

责任编辑：马春芳　　封面设计：杨鑫宇

心理学与心理调节术

XINLIXUE YU XINLI TIAOJIESHU

著者/姚尧

经销/新华书店

印刷/北京海纳百川印刷有限公司

开本/710 毫米×1000 毫米　16 开　　印张/15.25　字数/190 千

版次/2022 年 4 月第 6 版　　2022 年 4 月第 1 次印刷

中国法制出版社出版

书号 ISBN 978－7－5216－2559－2　　定价：39.80 元

北京市西城区西便门西里甲 16 号西便门办公区

邮政编码 100053　　传真：010－63141600

网址：http：//www.zgfzs.com　　**编辑部电话：010－63141816**

市场营销部电话：010－63141612　　**印务部电话：010－63141606**

（如有印装质量问题，请与本社印务部联系。）